中华青少年科学文化博览丛书·科学技术卷 >>>

图说星外基地——太空站 〉〉〉

中华青少年科学文化博览丛书·科学技术卷

图说

星外基地——太空站

吉林出版集团有限责任公司 | 全国百佳图书出版单位

前言

天空对人类而言，总是充满着神秘。在科学技术不发达的古代，人类就幻想着能够飞上天去，各国的神话故事中的人物也大多是能够自由自在飞来飞去的。

人们认为地是方的，天使圆的，幻想天上有金碧辉煌的宫殿、法力无边的神仙，神仙们能知过去未来，能够主宰人类世界，维持世界平衡。如今，随着航空技术的不断发展，揭开了地球和乃至宇宙的面纱。发射到太空的太空站成为人类的星外基地。

人类的飞翔历程是艰难的，每一个科学结论，都是历经千难万险才能够诞生；无数的先人前仆后继，不惜粉身碎骨去进行实验，为我们带来如今的文明世界。

从最早的飞行器——风筝开始，人类不断探索，发明飞机、火箭甚至卫星，通过发射送入太空的卫星了解宇宙、进行科学研究等，如今，各式各样的宇宙飞船、航空飞机、太空站相继被发射送入太空，人类可以登上太空，到地球大气层以外的世界进行探索、生存。为了能够克服太空的环境对人体造成的影响以及能够在太空长期生存，科学家们研制出各种飞行器、环境控制与生命保障系统、防辐射材料等不计其数的高科技产品，并顺利在太空站开展科学研究。

神秘而美丽的太空，不仅带给我们美好、新奇的感受，更是一个开展科学研究的新空间、一座无尽的宝藏。在给我们带来各种清洁能源和新发现的同时，各国的航空技术也竞相发展，人类进入太空甚至到其他星球上长期生存指日可待。

目录

目录

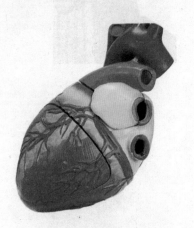

第 3 章
空间节能
太空站的长久使用

第 4 章
星外时光
太空站的生活

第5章
辉煌历程
世界各国太空站

第 **1** 章

飞天之旅
——太空站的由来

◎人类飞上太空的梦想

◎伽利略和他的望远镜

◎预测日食的科学家

◎测星距的哈勃

◎登月之旅路漫漫

◎外太空生物存在的悬疑

◎宝贵的太空资源

◎拜访星际的旅行

◎登上火星未来设想

◎太空开发的重大意义

第1章
飞天之旅
太空站的由来

一、人类飞上太空的梦想

自古人类就憧憬能够像鸟一样在空中自由翱翔。但想归想，飞翔的梦实现起来还是非常艰难的。因此，我们人类就把飞行视为一种神奇的能力。无论哪个国家、哪个民族，所崇拜的神们都会飞翔。人类用几千年造就的神话故事承载着自身飞翔的梦。如今，航空事业已发展到令人惊叹的地步。那么，人类是如何飞上太空的呢？

众人皆知，最早的飞机是莱特兄弟发明的。然而，发明飞行器的第一人并不是他们。早在2400多年前的春秋时期，我们中国的巧匠鲁班就发明了风筝。

风筝的发明问世，对于人类航空史具有重大的意义。

风筝是如何实现飞行的呢？风筝本身有一定的重量，受重力影响，会往地面降落，它可以在空中漂浮飞翔，是因受空气的力量支撑向上。

鲁班依照风筝飞行的原理，又发明了类似风筝的木鸟。到了明朝，伴随着火药的问世，人们发明了火箭。全世界广为流传"万户飞天"的典故。

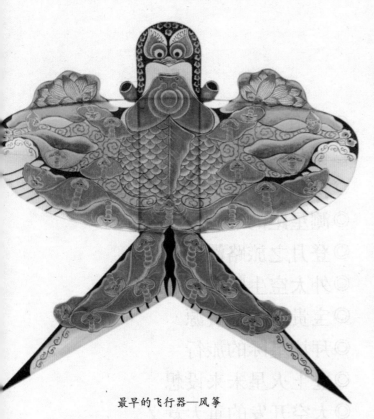

最早的飞行器—风筝

据记载，万户是明朝初期人，原来是一个木匠。由于他喜欢钻研，尤其是对技术发明方面特别痴迷，从军后改进过不少当时军队里的刀枪车船，在明王朝同瓦剌的战事中，武器的改良使得战争取得根本胜利。

赏识万户的大将军班背因得罪奸臣而被革职，并幽禁在拒马河上游的深山鬼谷中。为了从深山里营救出好友班背将军，聪明的万户决定造一只"飞鸟"。但由于其他因素，将军被杀害，救人的计划落空。万户失去了知己，厌恶了官场和人世间的生活，于是开始谋划着逃离是非官场和人间，决定到月球上去生活。

在那个人类对自然界认识受到很大局限的特殊时代，万户甚至做出了一份很详尽的科学理论计算报告。他认为按照当时的火箭技术，再加之风筝原理的帮助，一定能在一个时间段内飞到月亮上去。

为了实现自己的意愿，

万户飞天

11

同时也是为了实现将军班背的遗愿，万户开始潜心研究将军遗留下来的《火箭书》，并用自己的知识给予完善。他仔细阅读了班背的《火箭书》，造出了各种各样的火箭，然后画出了飞鸟的图形，众匠人按图制造出了飞鸟……

在一个月明如盘的夜晚，他们将一只形同巨鸟的"飞鸟"放在山头上，"鸟头"正对着明月……万户带着人来到一座高山上，拿起风筝坐在鸟背上的驾驶座位——椅子上，点燃鸟尾引线，一瞬间，火箭尾部喷火、"飞鸟"离开山头向前冲去。接着万户的两只脚下也喷出火焰，"飞鸟"随即又冲向半空。

后来，人们在远处的山脚下发现了万户的尸体和"飞鸟"的残骸……这个故事后来被记载为"万户飞天"。万户被认为是人类的航天鼻祖。

明朝以后，特别是到了近代，我国的科技事业日趋落后，备受列强的欺凌。但是，万户开创的飞天事业，得到了世界的公认。美国一位叫詹姆斯·麦克唐纳的火箭专家，称中国的万户为青年火箭专家，是人类第一位进行载人火箭飞行尝试的先驱。

在美国华盛顿的"国家航空和空间博物馆"的飞行器馆里，有一块说明牌上写着："最早的飞行器是中国的风筝和火箭。"

漫长的岁月里，人们依然持久地做着飞天梦。

莱特兄弟发明的飞机

直到1903年12月17日，美国莱特兄弟设计和制造的第一架带动力、可操纵的载人飞机诞生了。

莱特兄弟自己动手设计的第一架"飞行者"1号，在北卡罗来纳州的基蒂霍克沙洲上由弟弟奥维尔·莱特驾驶，第一次稳定、有动力、可操纵的持续12秒的飞行实现了；当天，哥哥威尔伯·莱特进行的第四次驾驶飞行，在空中也只持续了短短的59秒，虽然飞行距离也只有260米，却实现了人类渴望了几千年飞向天空的梦想。

1961年4月12日，"东方号"运载火箭把世界上第一位航天员尤里·加加林送入轨道，绕地球飞行一圈后安全返回地面。这次飞行开创了人类航天的新纪元。

从古老的风筝到飞上太空的第一个载人进入外层空间的航天器"东方号"飞船，人类经历了几千年的探索和尝试。在科技飞速发展的今天，一切已经无法阻止我们人类登上太空探索及生存的脚步。

东方号

📖 知识卡片 /// **莱特兄弟**

莱特兄弟是指的是威尔伯和奥维尔这两位美国人。

兄弟两人从小就对机械装配和飞行怀有浓厚的兴趣，从事自行车修理和制造行业。他们经过多年数次实验，1903年制造出了第一架依靠自身动力进行载人飞行的飞机"飞行者"1号，成为世界上第一架实用飞机的发明人。

1909年，他们获得美国国会荣誉奖。同年，"莱特飞机公司"创办。奥维尔成为世界著名飞机制造商。

第 1 章
飞天之旅
太空站的由来

二、伽利略和他的望远镜

天文学家们最早是用肉眼来直接观测星空的，后来，随着望远镜的发明，又用望远镜进行观测，而用自己设计制造的望远镜观测天空的是伽利略（1564—1642）。

最初望远镜是在荷兰发明的，伽利略得知消息后，运用自己丰富的光学知识刻苦研究，于1609年设计制造了自己的用来观测天空的望远镜。通过望远镜，他对月球进行了细致的观察。伽利略发现月球表面崎岖不平，既有低洼的平原，也有高耸的山脉，还有众多的环形山。

伽利略

在连续几天的观测中，伽利略发现有4个小卫星环绕着木星周围，就像是太阳系的缩影，这就是木星的4个最大卫星，后来被称作"伽利略卫星"；金星和水星都有盈亏变化，这说明它们都是在地球轨道的内侧环绕太阳运动的；银河是由密密麻麻的恒星组成的；随着望远镜倍率的增大，恒星的数目也迅速增加。

伽利略还发现太阳上面有黑子，

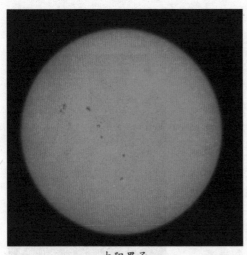

太阳黑子

土星光环

并根据黑子位置的逐日变化测得太阳自转周期为28天（实际上是27.35天）。

　　他还看到土星的光环，尽管当时由于望远镜技术不够发达被他误认为土星两侧各有一个附属物。伽利略使用自制望远镜所观察到的天文现象对人类起着引导作用。

 **知识卡片** ///　**伽利略的发现**

　　伽利略的发现是对日心说的强有力支持。在作出重大天文发现的当年（1610年），伽利略出版了《星际使者》；又相继发表了《关于太阳黑子的书信》、《关于托勒密和哥白尼两大世界体系的对话》，直率地表示哥白尼学说是正确的。

　　但是伽利略的发现引来了宗教对他的迫害，宗教法庭将他直接置于宗教法庭监督之下，不得私自活动。但是随着科技的发展，伽利略"地球仍在转动"被证实成为真理。

　　终于，教会在太阳中心说早已取得决定性胜利之后，于1984年宣布给伽利略平反。

三、预测日食的科学家

　　霍罗克斯是位业余天文爱好者，深受天文学和数学吸引的霍罗克斯对星空和各种天文现象特别感兴趣。他深信哥白尼学说和伽利略的发现。通过开普勒的《鲁道夫星表》，霍罗克斯发现位于地球轨道内侧的水星和金星，都有机会从太阳面上经过的有趣现象。

　　开普勒曾经准确地预报了发生在1631年水星经过太阳与地球之间的日食现象，又预言了1639年11月24日再一次发生金星凌日的现象，他激动地说：

　　"这时，太阳从云缝里出来，那么清晰，好像老天爷有意要鼓励我和满足我的热切期望。呀！多美的景象！我注意到一个不同寻常的小圆黑点，刚好全部从左边缘进入太阳圆面。"

　　已经发生的上一对金星凌日是在1874年和 1882年，由霍罗克斯推算日食的方法得知，下一对将发生在2004年和2012年。

金星凌日

金星凌日

　　金星轨道在地球轨道内侧，某些特殊时刻，地球、金星、太阳会在一条直线上，这时从地球上可以看到金星就像一个小黑点一样在太阳表面缓慢移动，天文学称之为"金星凌日"。2012年最值得期待的天象"金星凌日"将在6月6日精彩上演。天文专家说，这是直到2117年以前所能看到的最后一次，凌日时间长达6小时，中国大部分地区处在最佳观测地区。

四、测星距的哈勃

伽利略以来天文学的最伟大革命，应该归功于美国天文学家哈勃（1889—1953年）。1914年，哈勃来到叶凯士天文台做助理并进修天文学。第一次世界大战以后，他从1919年开始在威尔逊山天文台任职，除第二次世界大战期间短时间离开天文台外，他一直在威尔逊山工作，直到去世。

哈勃确认了星系为独立于银河系之外而与银河系相当的恒星系统。

1914年，哈勃在叶凯士天文台开始研究星云的本质。他发现有一些星云是银河系的气团，亮的银河星云的视直径同使星云发光的恒星亮度有关。

美丽的星系

并由此推测另一些星云，特别是具有螺旋结构的星云，可能是更遥远的天体系统。

1919年，他用当时世界上首屈一指的、威尔逊山天文台的、口径2.54米的反射望远镜观测星云。当时天文界正围绕"星云"是不是银河系的一部分这个问题展开激烈的讨论。

1923～1924年，哈勃利用威尔逊山天文台的2.54米反射望远镜拍摄了仙女座大星云和M33的照片，把它们的边缘部分分解为恒星，在分析一批造父变星的亮度以后断定，这些造父变星和它们所在的星云距离我们远达几十万光年，远远超过当时银河系的直径尺度，一定位于银河系外，进而确定了它们是银河系外巨大的天体系统——河外星系。1924年在美国天文学会一次学术会议上，哈勃正式公布了这一发现。这项发现使天文学家们关于"宇宙岛"的争论胜负立即分出，所有天文学家都意识到，多年来关于旋涡星云是近距天体还是银河系之外的宇宙岛的争论就此结束，从而揭开了探索大宇宙的新的一页。

他进一步测量了许多星系的距离，发现星系距离越远，红移越大，退行速度也就越大。这意味着那部分宇宙在不断膨胀之中。星系谱线红移与距离之间的关系被称为"哈勃定律"，这一关系中的系数值被称为"哈勃常数"。

1926年，哈勃根据旋涡星系从松散到紧密等形态特征，提出星系分类法——"哈勃分类"，这个分类法一直沿用到现在。

旋涡星云

 **知识卡片** **哈勃常数**

河外星系退行速度同距离的比值，它是一个常数，通常用H表示，单位是公里/（秒·百万秒差距）。这个比值有时简称速度－距离比，或哈勃比。1929年，哈勃首先发现河外星系的视向速度与距离成比例（即距离越大视向速度也越大），并给出速度－距离比，符号为K，比值为500。后来人们称为哈勃常数，并改用符号H。1931年，哈勃和赫马森第二次测定H为558，后又订正为526。

第1章 飞天之旅 太空站的由来

五、登月之旅路漫漫

自古以来，月球一直被人们用各种美妙的神话与美好的愿望和深切的期待紧紧系在一起。我国唐代诗人李商隐在《霜月》一诗里写道："青女素娥俱耐冷，月中霜里斗婵娟。"同样又有无数诗人借月抒情。月亮一直被人们用来寄托相思和对美好事物的憧憬。更有古代神话故事里的"月里嫦娥"、玉兔和砍伐桂树的吴刚。

随着人类对月球的一系列探讨，彻底揭开了月球的神秘面纱。一直被诗人们美化了的月球，原来是一个没有生命迹象，表面崎岖不平，既有低洼的平原，也有高耸的山脉，还有众多的环形山的星球。但是，月球依然是一个令人激动的世界。科学家们立志把月球开辟成一个宇宙航行的基地，从那里向更远的太空探索。

1961年5月25日，美国总统肯尼迪正式宣布美国已经制定出"阿波罗"计划，一定

阿波罗登月

登上月球的第一人

要在10年内登上月球。这是有史以来人类所制定的最大规模的科学技术计划，它共耗资255亿美元，先后动员了200多所大学、2万多家企业、4.3万名工程师和科学家以及80多个科研机构。

1969年7月16日，在美国肯尼迪航天中心发射的"阿波罗"11号沿着环绕月球和地球的狭长椭圆形轨道的边缘飞行。从地球到月球路程是38万公里，飞行了3昼夜，终于到达绕月轨道。人类飞向太空的梦想终于成为现实。

7月19日飞船成功在月球着陆后，美国宇航员尼尔·阿姆斯特朗和埃德温·奥尔德林上校成为首次在地球以外星体上留下脚印的人类。

阿姆斯特朗他们这次登月飞行共用了195小时又18分钟的时间，离开月球前，他们将登月舱的底座留在月面，作为这次访问月球的永久性纪念碑。在登月舱底座上面的一块饰板上刻着美国当时的总统尼克松和三个宇航员的姓名：尼尔·阿姆斯特朗、埃德温·尤金·奥尔德林和迈克尔·柯林斯。纪念碑上还有一行题字："公元1969年7月，来自地球上的人们为全人类而平安地第一次在这里踏上月球。"

人类走上太空

"阿波罗"登月飞行共进行了7次，参加的航天员共21人，其中有12人登上了月球。阿波罗登月除考察外，还在月球上建立了核动力科学站，驾驶月球车进行活动，采集的月岩月土标本达400千克，都带回地球作进一步科学分析。

　　"阿波罗"登月计划的成功，具有伟大的技术和科学意义。它是人类第一次离开地球到达别的天体，是人类向太空渗透的新标志，是一次飞跃。在人类继续向太空探索宇宙的奥秘时，月球还将成为中转站。登月的成功，也为人类开拓新的疆域，开发利用地球以外的资源创造了条件。

知识卡片　　阿姆斯特朗

　　阿姆斯特朗，1930年8月5日出生在美国的俄亥俄州，曾是美国国家航空航天局的宇航员、试飞员、海军飞行员，在执行第一艘载人登月宇宙飞船阿波罗11号任务时成为第一名踏上月球的人类而闻名。

月球上第一个人类的脚印

六、外太空生物存在的悬疑

第 **1** 章
飞天之旅
太空站的由来

很多人认为，在茫茫宇宙，地球不可能是唯一有生命的星球。那么，外星生物究竟存在吗？科学家们还在做进一步的探索。

太阳系中，与地球最相似的行星就是火星了。它们有近乎相同的自转周期，它们自转轴倾斜的角度也相同，它们都有冰冠因而也都有水，都有大气。火星上也有与地球十分相似的四季变迁。夏天冰冠缩小，在冬天

火星

又变大。因此，地球以外最有可能存在着生命的应该是火星。

法国天文学家拉普拉斯（1749—1827）曾在1799年提出太阳系起源学说。他认为，太阳系起始于一团巨大的尘埃——气体云，气体云在旋转着，并在自身的引力作用下缓慢地收缩。气体云不断收缩，它的旋转速度也不断加快。最后，它的自转速度快得使赤道隆起部分的物质"腾空"了，于是就留下一道物质构成的环，后来这个环又凝缩而形成一颗行星。

尘埃气体云继续收缩，从它脱离出来一道又一道的物质环，它们形成了一颗又一颗的行星，最后在中央部分留下的物质聚焦成为太阳。

按照拉普拉斯的上述理论，太阳系中越是外围的行星年龄便越老，越靠近太阳的行星越年轻。因此，地球要比火星年轻，金星又比地球更

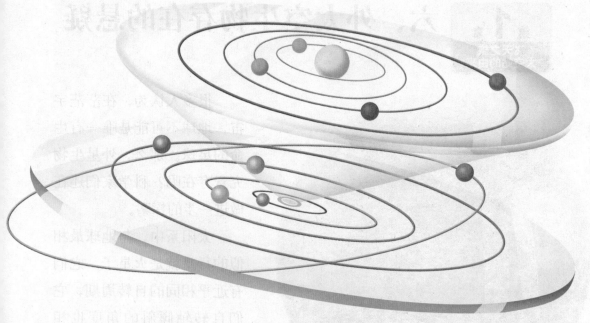

太阳系起源学说图示

年轻。

当时人们由此设想：金星也许是一个原始的世界，它阴湿而多云，智慧生命则尚未萌芽，很可能布满着丛林，恐龙在那儿爬行。事实上，直到20世纪50年代，科学幻想家们还经常这样描绘金星上的景象。

按照这样的思路，火星上的智慧生物应该在千百万年以前已经达到和超越人类目前的水平。它们的超级文明会不会已经使它们变得像神那样善良，或者像恶魔那样凶残可怕？

火星上有生命的念头同样影响着火星学家们。他们绘制的火星图就具备了地球本身的种种地面特征：有海洋、海湾、大陆、山脉……那么，到底火星上有没有智慧生物呢？由于距离遥远，人类目前还无法用任何工具携带足够能源飞向火星，因此，这一设想还有待科学家们的进一步考证。

那么，除了火星，别的星球上会不会有生命呢？

在地球外围，有成千上万的卫星及卫星残片在围绕地球运动着。

这些卫星，除月球是天然卫星以外，其余都人造的。

但惊人的是，1988年12月，苏联的宇航专家马斯博士发现了一颗非地球上人类建造的卫星。起初，他以为那颗卫星是美国发射的，后来才知道，美国科学家

想象中的远古火星水上乐园

也在同一时间发现了这颗神秘的卫星。

这颗卫星巨大，外形如同钻石的结晶，外壳被一层很强的磁场保护着。经过美苏两国官员的讨论，双方认定这颗卫星是第三者发射的。后来经过调查，中国、法国、德国以及日本等世界上有能力发射卫星的国家都没有发射它。

UFO图片

马斯博士认为，那颗神秘的卫星来自外太空的某个星球。据说该卫星上装有十分先进的探测设备，马斯博士说："它似乎有能力对地球上每一样东西进行扫描和分析。它能够将搜集到的资料通过其强大的发报设备传送到遥远的太空中去。"国的天文学家米拉博士说："那颗卫星是我们以前从没见过的。我深信它来自另一个世界。这个卫星飞了很长时间才来到地球上空，我估计它已被制成了5万年之久。"

如今，互联网上也存在着大量UFO、外星人的图片，但图片的真实性也还都有待考证。

人们对外星生物是否存在的问题众说纷纭，但始终无从证实其真实性。在遥远的外太空某个星球上，是否存在智能生物想和我们联系呢？这些，依然是等待科学家们为我们揭开的谜。

知识卡片 / 玛雅文明

曾有人说玛雅文明就是外星人在地球上留下的痕迹。

以玛雅金字塔来说，巨大的石块如何切凿，搬运到丛林的深处，再把一块块十几吨的石块堆积起来，堆高至70米处，要是没有先进的交通工具及起重设备，是难以完成这个任务的。而生活在丛林里的民族，为什么要花这么大的功夫，建立一个天文观测网？历史记载，望远镜是伽利略16世纪才发明的，接着才有大型天文台的出现，而天文观测网的观念是近代才出现的，这样的观念可说是相当先进。由此可以肯定的是，玛雅人当时的科学与今天相比毫不逊色。

1929年，在土耳其国家博物馆发现的绘在羊皮纸上的地图，制作年代1513年，地形布局与北非开罗上空探测地球所得完全一致。

玛雅文明遗迹

从南美智利海边向西3800千米的复活节岛屿，耸立着1000多座巨大的石像，每座石像高度大约4~5米，重量20吨，最大的有90吨，大约在公元800~900年建造。有人认为是为了追思死去了的部族的重要人物而建造。但岛周围没有丰富的材料，在兴建时也需要大量的人力。石像如何制造又如何存在至今依然是个谜。

七、宝贵的太空资源

说到资源，它的含义十分广泛。宇宙中的万物、时间、空间、能量、各种精神财富等都是资源。人类在生活和工作中需要各种"硬件"，如房屋、衣物、食品、交通工具、玩具、各种机器和设备等，而目前，这些资源目前主要来自地球。

地球在我们人类的开发利用中，各种资源越发稀少。那些矿产、石油等不可再生资源一旦用完，我们的家园——地球将受到重创。地球在人类索求无度的开采和利用中已经渐渐不堪重负，各种自然灾害频发，都是地球所发出的抗议。

但是，人类要走向更加文明的时代，无法停止对资源的利用。那么，除了地球，人类是否可以把开采和利用资源的目光转向太空呢？

随着科学技术的不断发展，人类向太空索取资源不再是遥远的设想。太空中有多少资源可供我们人类利用呢？

根据目前的研究发现，月球和其他行星上，存在着大量的硅、铁以及高真空粒子等资源。而且，人类进入地球轨道和外层空间后会发现，除了人们传统意义上理解的矿藏

月球

在太空拍摄的地球大气层

等资源，特殊的环境和条件也是人类可以利用的重要资源。

地球的大气层像是一层厚厚的幕布，阻隔了极大部分的阳光和来自宇宙的辐射，我们人类才能够在地球上正常生存。然而，被阻隔了的绝大部分的太阳能也是一种宝贵的资源。虽然人类已经开始利用清洁无污染的太阳能资源，可地球上的资源毕竟有限。于是，科学家们将利用太阳能资源的目光瞄到了大气层以外。由于不受大气和云层的阻隔及反射，大气层外有着大量的

太阳能资源。但是这部分资源如何得以利用呢？

早在40多年前，就有美国科学家提出"太空太阳能电站"的设想。但是在当时看来，这一设想就有些科幻小说的意味了。但经过美国国家宇航局随后几十年的探索、分析和总结，2007年10月，美国国家安全太空办公室推出了一份建造太空电站可行性研究的中期评估报告，这份评估报告的关键点在于其"可行性"。

进入21世纪，科学家们计划将

建造"太空太阳能电站"的设想付诸实际。众所周知，卫星、飞船等航天器能够在太空中飞行主要依靠电池提供动力，而这种电力就主要来源于太阳能电池帆翼。中国在2011年9月发射的"天宫一号"空间实验室应用了5片折叠式砷化镓太阳能电池板，可供实验室内部的设备正常运转。

天宫一号

然而，太空电站的原理与"天宫一号"太阳能电池的工作原理相比，就复杂得多了。太空太阳能电站的设计原理为：将其放置在地球同步轨道上，随地球同步自转，通过安装在太阳能电池板上的微波转换器，将太阳能电池获取的电力转换成选定频率的微波束，径直传向地球表面上的网格整流天线接收器，再将其转换成电能。测算显示：这样一个电站的面积将达几平方千米。而且，在太空组装这样庞大的太阳能电站需要的宇航员人数、建造需要的时间、对太阳能电站的安全监测、维修、避免太空垃圾对其的干扰以及资金等，尚是有待攻克的难题。

为了开发太空资源，更有形形色色的航天器竞相升空。

通信卫星就是把原来在地面的无线电站搬到卫

通信卫星

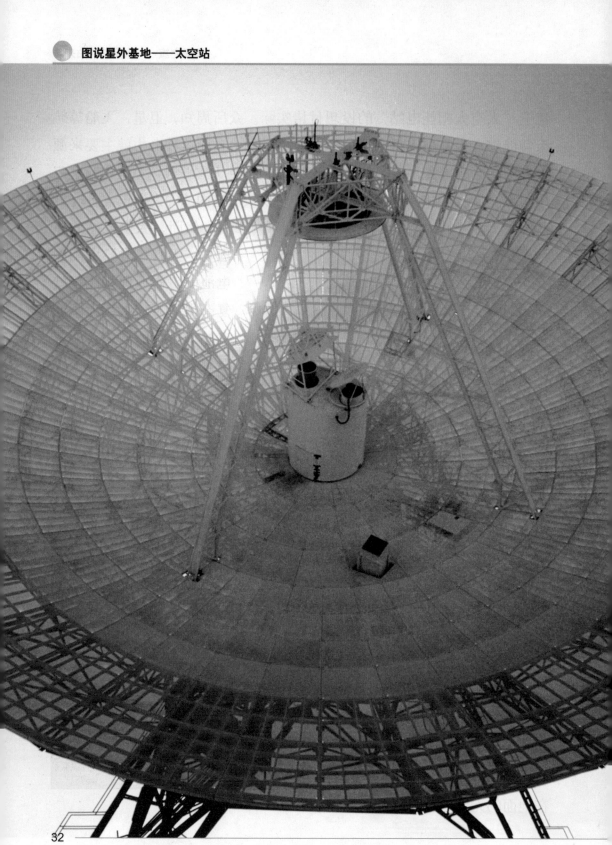

雷达

星上，从而大大提高了信号的覆盖面积和传输距离、通信质量和抗破坏性，减少了费用，使通信技术发生质的飞跃。遥感卫星相当于空间观察平台，具有观测范围广、观测次数多、时效快、连续性好等优点，对气象预报、陆地资源开发、海洋资源开发起到巨大推动作用。导航卫星设在太空的基准点，它能克服地面无线电导航台存在的信号传播距离有限等一系列缺点，是目前最先进的导航技术。

在太空中人们可以"居高望远"。在那里进行天文观测不受大气层和灰尘影响，使全波段天文观测变得轻而易举。天文卫星、空间站就是理想的天文台。

太空的微重力（重力加速度小于10−4克）也是一种宝贵资源。利用这种资源可以进行地面上难以实施的科学实验、新材料加工和药物制取等。由于在微重力条件下，无浮力，液滴较之地面更容易悬浮，冶炼金属时可以不使用容器，即采用悬浮冶炼，因而能使冶炼温度不受容器耐温能力的限制，进行极高熔点金属的冶炼，避免容器壁的污染和非均匀成核结晶，改变组织，提高金属的强度。微重力条件下，气体和熔体的热对流消失，不同比重物质的分层和沉积消失，对生产极纯的化学物质、生物制剂、特效药品，以及均匀的金属基质复合材料、玻璃和陶瓷等也很有用。

太空旅游观光资源。美、日等国已在筹划建设太空饭店，如果发展顺利，进入太空观赏宇宙美景，回头观望人类的摇篮——地球，为期不会很远了。在月球上发现冰冻水以后，已有人设想在月球上建造度假宾馆，到时还可欣赏月球景色。

开发月球资源。月球上有丰富的氧、硅、钛、锰和铝等元素，还有地球上稀缺的、"清洁"的核发电材料氦−3。月

彗星

球上无大气影响，以及长长的黑夜和低温等许多有利的环境条件，是理想的科学研究和天文观测基地。开发小行星和彗星上的资源。金属型小行星上有丰富的铁、镍、铜等金属，有的还有金、铂等贵金属和珍贵的稀土元素。彗星上有丰富的冰。这些资源和月球上的资源可用于建设航天港和太空城，也可供地球上使用。

开发利用太空资源，将为人类生活带来福音。

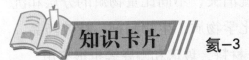

知识卡片 氦-3

月球是解决地球能源危机的理想之地，"氦-3"是一种目前已被世界公认的高效、清洁、安全、廉价的核聚变发电燃料。根据科学统计表明，10吨氦-3就能满足中国一年所有的能源需求，100吨氦-3便能提供全世界使用一年的能源总量。但氦-3在地球上的蕴藏量很少，目前人类已知的容易取用的氦-3全球仅有500千克左右。而根据人类已得出的初步探测结果表明，月球地壳的浅层内竟含有上百万吨氦-3。如此丰富的核燃料，足够地球人使用上万年。我国探月工程的一项重要计划，就是对月球氦-3含量和分布进行一次由空间到实地的详细勘察，为人类未来利用月球核能奠定坚实的基础。

八、拜访星际的旅行

很多人们都有着遨游太空的理想，到太空去，既能观赏到太空美丽的风光，同时又可以体验失重的感觉，是一种前所未有的体验。早在2001年4月30日，美国商人丹尼斯蒂托就作为一位太空游客实现了遨游太空的梦想。随后又有南非富翁马克·沙特尔沃思、美国人格雷戈里·奥尔森等人相继实现太空旅行。那么，普通人想实现太空旅行需要哪些条件呢？

专家表示，未来的太空旅游将呈大众化、项目多样化、多家公司竞争、完善安全法规四大趋势。

从广义上来说，太空旅游至少有4种途径：轨道飞行、亚轨道飞行、接近太空的高空飞行和飞机的抛物线飞行。

美国人奥尔森体验的是真正意义上的太空旅游——轨道飞行。目前，实现轨道飞行的游客主要是乘坐俄罗

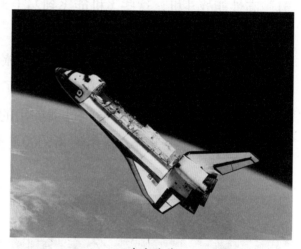

太空旅游

斯"联盟"飞船和美国航天飞机到达国际空间站。但是美国哥伦比亚号航天飞机失事后，太空旅游机构大多将目光转向了"联盟"系列飞船。乘坐它们旅游的每张票价约为2000万美元。

亚轨道飞行能产生几分钟的失重，美国私营载人飞船"宇宙飞船一号"和俄罗斯计划研制的"C-XXI"旅游飞船就是从事这种飞行的典型，它们在火箭发动机熄火和再入大气层期间能产生几分钟的失重。这种飞行的价格约为每人每次10万美元。

接近太空的高空飞行也非货真价实的太空旅游，但它能让游客体验身处极高空才有的感觉。当游客飞到距地面18千米的高空时，便可看到脚下地球的地形曲线和头顶黑暗的天空，体会到一种无边无际的空旷

米格-31战斗机

感。目前计划用来实施这种旅游的飞机有俄罗斯的"米格-25"和"米格-31"高性能战斗机。这些飞机能飞到24千米以上的高度，乘坐它们旅游的每张票价约为1万美元。

抛物线飞行并非真正意义上的太空旅游，它只能让游客体验约半分钟的太空失重感觉，宇航员在训练时为了体验失重通常也是采用这种方法。游客如果乘坐俄罗斯宇航员训练用的"伊尔-76"等飞机太空旅游（15张）作抛物线飞行，费用约为5000美元。

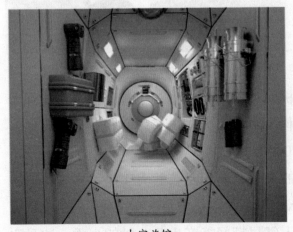

太空旅馆

设想一下悬浮在距地400千米高空的度假酒店吧。俄罗斯航天部门正由官方和企业共同设计微型"太空旅馆"的计划。也有美国工程师提出，可用轻型充气材料建一个长期绕地飞行的舱体，费用将比空间站之旅略微便宜。

目前的太空旅游是轨道飞行，能实现轨道旅游的主要是国际空间站，可供游客往返空间站的"交通工具"主要是俄罗斯"联盟"飞

太空漫步

船和美国航天飞机。但是，这种旅游的单价在2000万美元以上。为此，国际上一些机构和企业将目光投向了各种便宜的"准太空旅游"。"准太空旅游"主要包括飞机的抛物线飞行、接近太空的高空飞行和亚轨道飞行。为了保持在太空旅游领域的优势，美国"太空冒险"公司还宣布了"月球旅游"计划。按照这个计划，游客将首先前往国际空间站，在站内停留一周之后再乘坐"联盟"飞船前往月球，在离月球160千米的轨道上空近距离地欣赏"月景"。美国"太空冒险"公司还雄心勃勃地推出一项新的旅游项目——太空行走。

发展太空旅游业，不仅仅只是让普通平民体验太空生活，它还有着重要意义。例如，可以利用太空旅游的收益继续发展航天事业，保证昂贵的资金来源不仅是政府资助，加快人类航天技术的发展。也可以让普通平民，特别是有较强经济实力的个人，让他们更加了解航天事业的重要性和优越性，使他们尽自己的有限能力参与其中。由于太空旅行是针对平民的，所以更符合今后人类踏入宇宙的要求，在太空旅行中，专家可以利用这个机会研究人类移民太空所遇到的困难和麻烦。所以，太空旅行不只是少数人的奢侈消费，它对人类的航天事业有着非常重大和深远的意义。

　　尽管无论经营者还是消费者都对太空旅游的前景抱有很高的期望值，但太空旅游真要成为平民旅游的理想之地，还必须要克服重重难关。

　　随着科技的进步，太空旅游会离我们越来越近，在不久的将来，人们的火箭发射能力会逐渐增强，升空的舒适度也会大大提高，并且随着运载能力的提高，大规模太空旅行也将会实现。

太空巴士

　　2006年7月，美国加州一家名叫XCOR的太空旅游公司研制出首架专为太空旅游开发的可以重复使用的"火箭飞机"，并试飞成功。美国航空航天工业前景研究委员并建议开发低成本的商用太空旅游飞船——太空巴士，每次可坐20人左右。这种设想中的太空巴士，属于能运送游客往返在国际空间站与地面之间的双程轨道运输机。而航天能力同样不凡的俄罗斯宇航局则在2004年6月宣布，他们准备用C-21型航天器进行有偿载人飞行活动，每人的旅费仅为10万美元。

太空巴士

九、登上火星未来设想

火星作为太阳系中与地球最类似的行星，一直寄托着人类的种种幻想。火星上究竟有没有生命？人类能够在火星上生存吗？太阳系中，火星是否可能成为人类的第二家园？

伴随着种种疑问，美国和苏联早在十多年前就用深空探测飞船对火星表面实现了软着陆。

按理，下一步应是人类登陆火星考察。可是为什么至今不去登陆呢？

帕西瓦尔·罗威尔曾用小倍数望远镜观察到了火星运

航天器拍到的火星表面类"人面"影像

河，他宣称那些火星表面的痕迹显然是人工挖掘的运河，并认为一些地区亮度随季节而改变是由于植被消长引起。风靡大众的火星科幻中的火星人也来自这些。那些表面线条现在知道大部分并不真的存在，在一些

火星上的峡谷

情形中，那是古老的干水道或峡谷。火星表面颜色的改变则是因为发生火星尘暴。

专家们认为，按照人类目前掌握的航天技术，已完全可以飞往火星。而现在不进行这种飞行的原因有两个。

首先，失重对人体的生理影响是主要障碍。由于引力减少，人体内的心

血系统、肌肉组织和骨骼中化学成分都会受到影响。航天医学界人士认为，到目前为止，还未找到很适当的途径来阻止或减少失重对人体的影响。当然，经过20多年的航天飞行经验积累，前苏联和美国，特别是前苏联，已经制定了在长期飞行中预防失重对人体生理影响的措施，取得了重大进展。航天员季托夫、马纳罗夫甚至已经创造了在太空一次漫游一年的记录。但是，为了人能飞往火星，科学家还得作出更大努力来对付失重对人体的影响。

其次，人类飞往火星，往返一次需2～3年的时间。一个航天员在太空生活和工作，每天要消耗氧气、食物和水大约10千克。目前在近地轨道上的航天站，宇航员的给养由航天供应线的货运飞船定期输送。

宇航员挥手致意

知识卡片 / 人类飞向火星的两个难题

当人类飞向火星时，要飞出地球9000万千米，按照现在的补给供应线的供应周期，载人飞船在到达火星前的途中就需要补充给养若干次，而这是不可能的。因此，不再可能利用天地供应线的货运飞船输送补给。同样，航天乘员启程飞往火星时带足乘务组人员2～3年的给养。这里不仅要有氧气和水的循环再生使用系统以供给航天员氧气和水，而且需要成熟的生物生命支持系统来帮助解决飞行期间他们的食品供应问题。

上述两个问题获得解决后，人类飞往火星的时机就成熟了。科学家们相信再经过二三十年科学探索，人类将会解决这些问题。由此看来，不远的将来，人类踏上火星将不再是梦。

十、太空开发的重大意义

人类对未知世界有着无限的探所求知欲，这应该是重所周知的。而人类探所地球以外的星际空间，有助于探所未知世界开阔眼界，促进科技的进步。了解宇宙星际，更重要的是了解宇宙中的我们自己。

我们可以毫不夸张地说，太空的开发与人类的生活紧密相连，太空的开发将会给千家万户带来欢乐和财富。比如，利用太空的高真空、微重力进行一系列科学试验，利用空间技术加深对地球资源的信息工作，太空中的通信卫星为电话、传真及电视转播提供优质服务，太阳能的空间开发利用。

可以说，太空开发对人类的整体发展有着巨大、长远的意义，可以为人类子孙后代造福，对此我们应有充分的认识。

人造卫星刚刚上天的时候，全世界的人民曾为之欢欣鼓舞。到了今天，卫星已与大多数人的日常生活密不可分，在电视转播、气象、通讯等方面已具有无可替代的优越地位。卫星还在地质探查和地球资

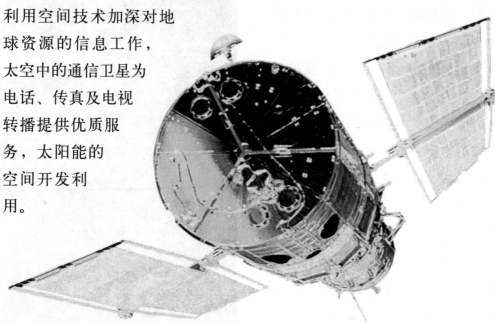

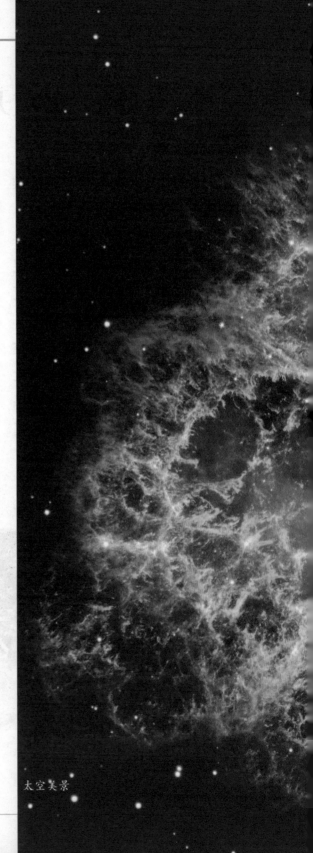

源、生态保护等方面成了功绩卓著的主力军，同时也成为军事上重要的信息来源。卫星在人类生活中所起的作用越来越大，它所直接或间接创造的物质和精神财富几乎是无法估量的。

而航天飞机和太空站，更是人类一笔宝贵的精神和物质财富。现在有不少最尖端的科学试验往往要在太空中进行，因为在地球上你总是会受到地心引力和地磁作用等因素的影响。在太空试验站中，科学家还利用它的特殊环境条件制造出了某些在地球上目前还无法制造的物质，并利用无灰尘的环境进行星体观测等多项研究。

地球的资源一天天的在被耗尽，加上人类给地球带来的巨大压力，蓝色而美丽的星球，不知道在未来会是什么样子。因此，在茫茫宇宙寻找另一个人类可以生存的家园，也对人类的生存和发展起着重要作用。

太空航行、探秘和开发大大开拓了人类的眼界和思维角度，使人类对宇宙的认识有了突破性的进

太空美景

展，同时促进了人们对自己居住的星球——地球的更全面、更科学的认识。人类的登月活动和宇宙开发技术的迅速发展还促进了许多相关科学技术的进展，并大大增强了人类对整体发展前景的信心。

不管从哪个角度来看，人类进军太空、开发太空，都将是人类生存和发展的辉煌迈进。

知识卡片 /// 月球上的宝贵资源

月球上取回的物质样品，使科学家产生了在将来利用月球以至金星等星球上许多稀有元素的计划。据说，以月球上的核发电原料——氦-3作为未来地球上的补充能源的计划已列入科学家们的议事日程。人们还设想利用阳光来制造不夜城，在太空中建立太阳能发电站，在太空中设立特殊物质的加工厂，等等。随着科学技术的发展，太空旅游、太空居住点也都是有可能实现的，太空技术的发展将能使人们对地球与小天体的万一碰撞做到"防患于未然"。

第2章

科研天堂
——太空站的功能

◎太空站的结构与特点
◎太空站的用途
◎太空站里的供给
◎太空发电
◎太空站里的天文研究
◎太空站的植物生长试验
◎太空医院
◎太空制药厂
◎太空动物园
◎太空新能源
◎监测小行星对地球的挑战

第2章
科研天堂
太空站的功能

一、太空站的结构与特点

太空站是人类在太空进行一切活动的基地，所以显得尤为重要。那么，太空站结构到底是怎样的呢？它又有怎样的特点呢？

就拿国际太空站来说吧。国际太空站结构复杂，规模大，由航天员居住舱、实验舱、服务舱、对接过渡舱、桁架、太阳能电池等部分组成，试用期一般为5～10年。总质量约423吨、长108米、宽（含翼展）88米，运行轨道高度为397千米，载人舱内大气压与地表面相同，可载6人。总质量近438吨，长108米。

国际太空站的主要结构是：

基础桁架

它用来安装各舱段、太阳能电池板、移动服务系统及站外暴露试验设施等。

居住舱

它主要用做航天员的生活居住，其中包括走廊、厕所、淋浴、睡站和医疗设施，由美国承担研制与发射到太空。

国际太空站

服务舱

它内含科学仪器设备等服务设施，也含一部分居住功能，由俄罗斯研制并发射。

功能货舱

它内设有航天员生命保障设施和一部分居住功能（如厕所、卫生设施等），以及电源、燃料暂存地等，舱体外部设有多向对接口，由俄罗斯研制并发射。

多个实验舱

其中美国1个、欧空局1个、日本1个、俄罗斯3个。美国、日本和欧空局的3个实验舱将提供总计为33个国际标准的有效载荷机柜；俄罗斯的实验舱中也有20个实验机柜。另外，日本的实验舱还连有站外暴露平台，用来对太空环境直接接触实验。

3个节点舱

它们由美国和欧空局研制，是连接各舱段的通道和航天员进行舱外活动的出口。此外，"节点1号"舱还可作为仓库，用来存储；"节点2号"舱内有电路调节机柜，用来转换电能，供国际合作者使用；"节点3号"舱为空间站的扩展留有余地。

能源系统和太阳能电池帆板

它们是由美国和俄罗斯两国提供的。

移动服务系统

它由加拿大研制。

在国际太空站的重力环境及设备基础上，可以进行多项研究，直接促进了科学技术的进步。

太空站的结构特点是体积比较大，在轨道飞行时间较长，功能比较多，能开展的太空科研项目也多而广。太空站的基本组成是用一个载人生活舱做主体，再加上有不同用途的舱段，如工作实验舱、科学仪器舱等。太空站外部必须装有太阳能电池板和对接舱口，来保证站内电能供应和实现与其他航天器的对接。

太空站的另一特点是经济性。

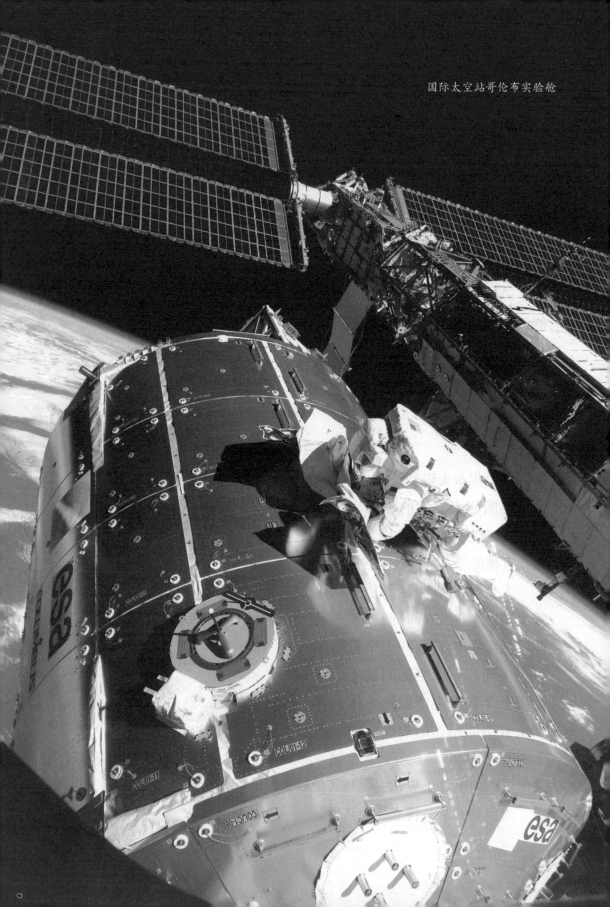

太空站在太空接纳航天员进行实验，可以使载人飞船成为只运送航天员的工具，从而简化了其内部的结构和减轻其在太空飞行时所需要的物质。这样既能降低其工程设计难度，又可减少航天费用。

另外，太空站在运行时可载人，也可不载人，只要航天员启动并调试后它可照常进行工作，定时检查，到时就能取得成果。这样能缩短航天员在太空的时

航空器

间，减少许多消费，当太空站发生故障时可以在太空中维修、换件，延长航天器的寿命。增加使用期也能减少航天费用。因为太空站能长期（数个月或数年）的飞行，故保证了太空科研工作的连续性和深入性，这对研究的逐步深化和提高科研质量有重要作用。

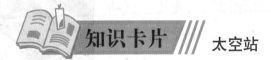 知识卡片 /// **太空站**

又称空间站、轨道站、航天站，是一种在近地轨道长时间运行，可供多名航天员在其中生活工作和巡访的载人航天器。小型的太空站可一次发射完成，即单一式太空站；较大型的可分批发射组件，在太空中组装成为整体也就是组合式太空站。在太空站中要有人能够生活的一切设施，不再返回地球。

二、太空站的用途

第2章
科研天堂
太空站的功能

人类为了飞上太空，进行了几千年的尝试，在科技发展迅速的今天，又不惜大量耗费人力、物力去研究建设太空站。似乎能够在航空领域有所成就，才不算落后。那么，太空站究竟有怎样的用途值得人类如此付出呢？

太空站的建立，为人类科技的进步提供了宽广的舞台。

在太空站进行对地观测

太空站上有暴露在空间的平台，舱内又有宇航员驻守。太空站平台上安放各种观测仪器，通过无线电遥控来观测地球大气和海水的对流状况，收集有关气象、板块运动、火山爆发的资料。空间站比遥感卫星要优越。首先它是有人参与到遥感任务之中，因而当遥感器等仪器设备发生故障时，可随时维修到正常工作状态；当地球上发生地震、海啸或火山喷发等事件时，在站上的航天员又可以及时调整遥感器的各种参数，以获得最佳观测效果；它还可以通过航天飞机或飞船更换遥感仪器设备，使新技术及时得到应用而又节省经费。用它对地球大气质量进行监测，可长期预报气候变化。在陆地资源开发，海洋资源利用等方面，也都会从中受益。

在太空站进行天文观测

太空站在天文观测上要比其他航天器优越得多，是了解宇

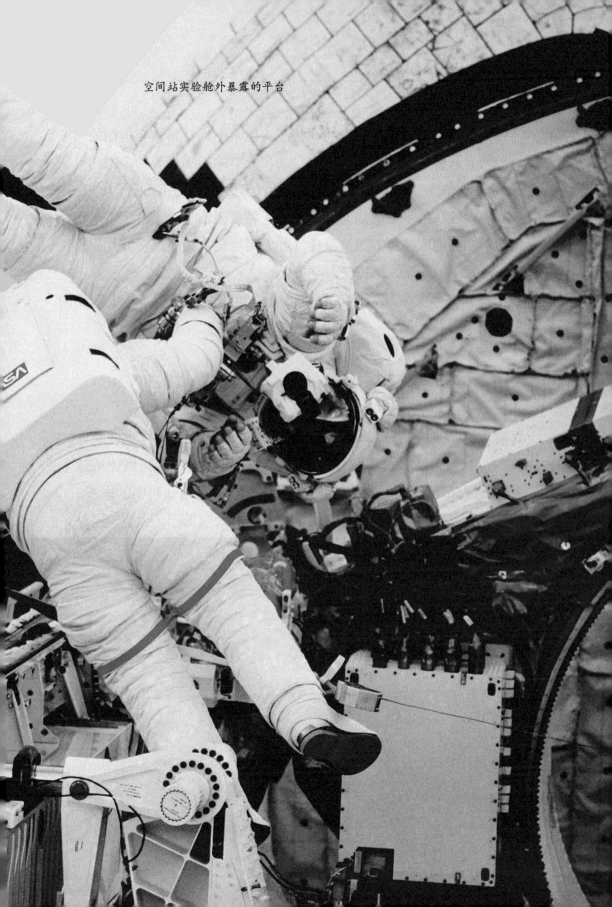

空间站实验舱外暴露的平台

宙天体位置、分布、运动结构、物理状态、化学组成及其演变规律的重要手段。因为有人参与观测，再加上太空站在太空的活动位置和多方向性，以及机动的观察测定方法，因而可充分发挥仪器设备的作用。通过太空站，天文学家不仅能获得宇宙射线，亚原子粒子等重要信息，了解宇宙奥秘，而且还能对影响地球环境的天文事件（如太阳耀斑、暗条爆发等）作出快速反应，及时保护地球，保护在太空飞行的航天器及其成员。

由于在太空不受大气影响，也可以直接观测遥远的星系、太阳系内各行星和太阳、月亮等。

在太空站开展科学研究

仅就太空微重力这一特殊因素来说，太空站就能给研究生命科学、生物技术、航天医学、材料科学、流体物理、燃烧科学等提供比地球上好得多、甚至在地球无法提供的优越条件，直接促进这些科学的进步。

同时，太空站的建设和应用，也是向着建造太空工厂、太空发电站，进行太空旅游，建立永久性居住区(太空城堡)，向太空其他星球移民等载人航天的远期目标接近了一步。

开发太空资源

人们可以利用太空站在太空中收集、探索太空资源。如在地球上稀少的核发电材料氦−3在太空中就大量存在。也可以开发小行星上的资源。一些小行星上有丰富的铁、镍、铜等金属，有的还有金、铂等贵金属和珍贵的稀土元素。太空站还可以当作宇宙开发的基地，回收燃料用完的人造卫星；修复偏离轨道的人造卫星。太空中丰富的资源是一笔巨大的财富。

人类星际旅行的中转站

最后，太空站还可以成为人类前往月球、火星和星际旅行的中转站。因为有些太空旅行时间相对较长一些，而所乘的航天器无法承载大量

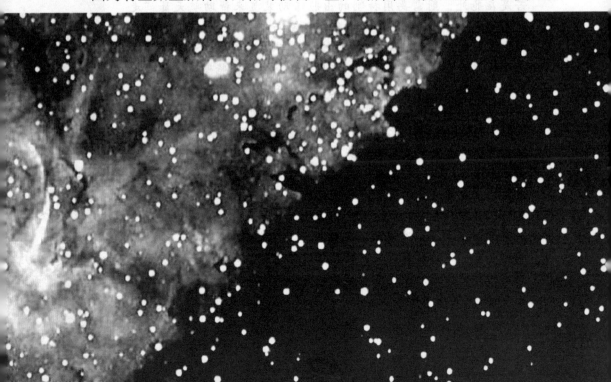

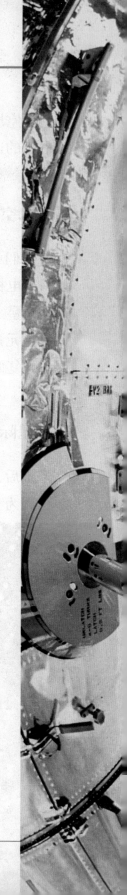

的水、食物和氧气，而有了太空站作为星 际旅行的中转站，人
类就少了许多后顾之忧。因为太空站有航天飞机或飞船供给水、
食物和氧，其本身也有生命保障系统，可以为星际旅行提供物
质保障。航天器也可以与太空站对接，进行养护、维修和燃料
补充。

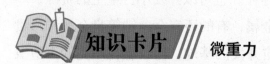

知识卡片 微重力

又称为零重力，从严格意义上讲，应是"零重量"。

由于太空和地球表面环境有很大的不同，地球表面为1G重力环境，
而太空处于真空状态。在太空生活与工作的航天员，由于要长期处于这
种微重力环境，吃、穿、住、行等都要适应这种状态。在微重力环境
中，你会有完全不同于地面的感觉。由于缺乏重力，航天员最先感觉到
的就是身体是飘浮的。飞船舱内的东西，如果不用带子固定，都要飘
着。航天员要想行走，只能用双手推拉舱壁来帮助身体移动。

若是在舱外，则需要用特制的出舱活动装置来帮助航天员"走
动"。在缺乏重力的情况下，人身体上所有与重力有关的感受器都发
生了变化。四肢已感觉不到重量，人体感觉不到头部的活动。这种异
常的感觉使航天员造成定向错觉，当用手推拉航天器舱壁时，感觉不
到自己是前后运动，而是会认为航天器在前后运动，自己是静止不动
的。非常有意思的是，在微重力环境下，航天员们个个"武功"大
增，他们可以轻松地做许多在地面很难完成甚至不可能完成的动作。

微重力环境会使航天员出现头晕、目眩、恶心、困倦等症状，对
体内器官会造成影响。航天员一旦进入微重力状态，由于缺乏重力的
向下吸引，全身体液会向上半身和头部转移，出现颈部静脉鼓胀，脸
变得虚胖，鼻腔和鼻窦充血，鼻子不通气。而体液的转移会使航天员
出现血浆容积减少，血液浓缩，导致贫血。 微重力环境对人体的肌
肉、骨骼也有一定的影响。目前世界各国已进行了大量的研究，并采
取了一定的防护措施，经过多次试验，有些已取得明显的效果，但有
的病症目前还不能有效解决。需要进一步地去探索和研究。

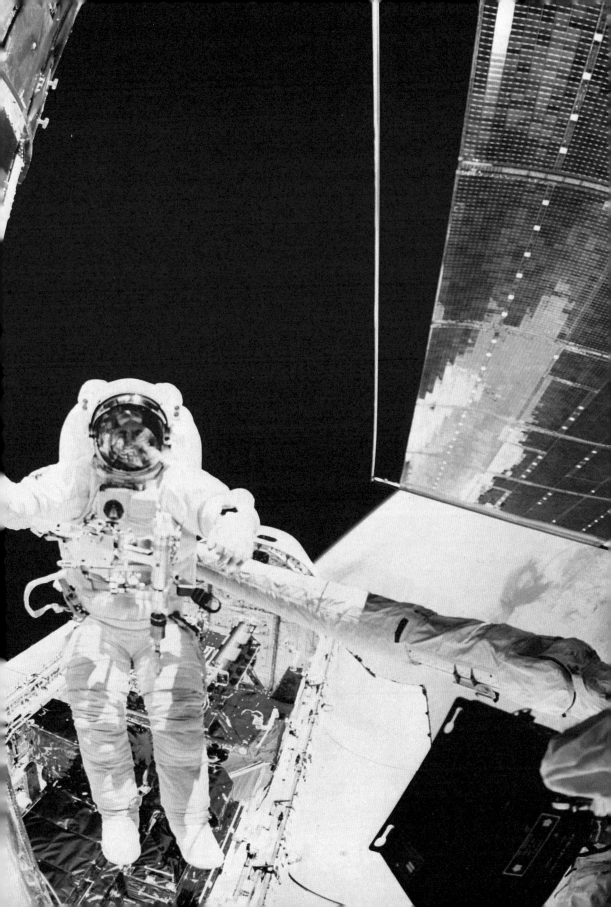

三、太空站里的供给

太空站需要实现在近地轨道长时间运行，可供多名航天员在其中生活工作和巡访，有人能够生活的一切设施，不再返回地球，是需要一定的物质作为保证的。太空站的水、食物、氧气以及科研工具究竟是如何实现供给的呢？

环境控制与生命保障系统

载人航天器自身都有环境控制与生命保障系统，以维持宇航员的生命安全。生命保障系统中的所有组件都是关乎生命，所以都是基于安全工程学进行设计。生命保障系统可以提供生存所需的空气、水和食物，并可以维持合适的身体温度与压力，同时可以收集或处理代谢中产生的废物。生命保障系统也必须能够屏蔽来自外部的有害影响，如射线和微星体。它除包括压力、温度、湿度、供气和空气分配等环

宇航员进行舱外工作

境控制系统外，还设有航天员系统，即航天员的饮食、休息、睡眠、排泄等日常生活保障系统。

自从1961年苏联航天员加加林乘"东方"1号飞船进入宇宙空间，航天任务的内容不断扩展，续航时间增长，航天员不仅要长时间在舱内工作，而且还要出舱活动，在空间行走，直至登月探索。太空站的生命保障系统日趋复杂和可靠，已能满足多乘员、长时间、重复使用的航天任务要求。

货运飞船

太空站除了靠自身环境控制与生命保障系统保证宇航员的生命需求外，目前还需要有一定的外部供给，即来自地球的供给。这一部分供给就需要靠货运飞船来实现了。

货运飞船是专门运送货物到达太空一次性使用的航天器。它执行向太空站定期补给空间站的推进剂消耗、运送空间站维修和

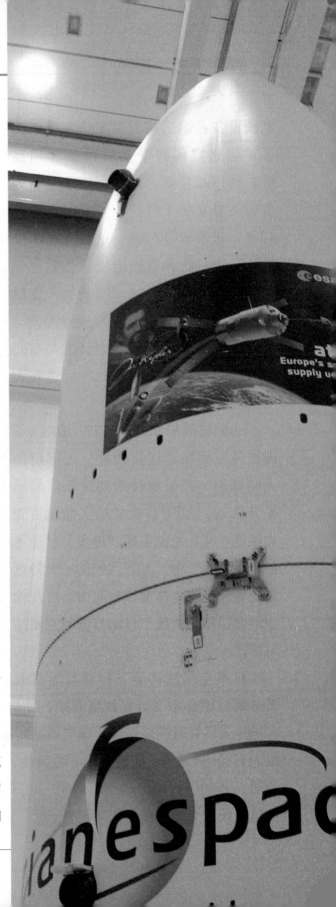

更换设备；运送航天员工作和生活用品；运送空间科学实验设备和用品等。到1993年底，俄罗斯进步号系列货运飞船发展了两代，共发射进步号42艘，进步M号20艘。这种飞船由仪器舱，燃料舱和货舱组成，货舱容积6.6立方米，可运送1.3吨货物，燃料舱带1吨燃料。它可自行飞行4天，与空间站对接飞行可达2个月。它与空间站对接完成装卸任务后即自行进入大气层烧毁。

欧洲航天局制造的ATV飞船除了向国际空间站运送货物外，还可用作太空拖船，在必要时帮助国际空间站提升轨道。ATV自动货运飞船运货能力接近8吨，是俄罗斯"进步"货运飞船进步后的产物。ATV飞船的一大特点是具有先进的高精度导航能力，可在较少地面控制的情况下自动与国际空间站对接。

日本空间站转运飞行器与运载火箭分离后能自主飞行直到空间站；补给物资后，能从空间站脱离，在冲入地球大气层时燃烧殆尽。该空间站转运飞行器呈圆筒状，全长约10米，最大直径约4.4米，能装载约6吨货物，发射时的重量约16.5吨，由加压货舱、非加压货舱、暴露集装架、电子模块和推进模块组成，还搭载有通信系统、天线和反射板等设备。

欧空局ATV自动货运飞船

知识卡片 /// 加压货舱

　　加压货舱主要运载国际空间站包括实验台、饮用水和衣物等内部用补给物资，当空间站转运飞行器处于和空间站对接状态时，宇航员们能够进入加压货舱作业。暴露集装架收藏于非加压货舱内，是运送国际空间站外部实验装置和电池的货架。同时运载空间站内部和外部用物资，是日本的空间站转运飞行器的特长之一。

四、太空发电

太阳能电站

相信大家都知道，太空中由于没有大气层的阻隔，有着大量的太阳能资源。但是如何加以利用造福人类呢？自从太阳能得以应用，人们就梦想着到太空去收集太阳能，并将之转变成电能传输到地球上，以解决人类面临的能源危机。

地球所接受到的太阳能，只占太阳表面发出的全部能量的二十亿分之一左右，但这些能量相当于全球所需总能量的3万～4万倍，可谓取之不尽，用之不竭。

宇宙空间没有昼夜和四季之分，也没有乌云和阴影，辐射能量十分稳定，因而发电系统相对地球而言就比较简单了，而且在无重量、高真空的宇宙环境中，对设备构件的强度要求也不太高。

太阳能是清洁能源，和石油、煤炭等矿物燃料不同，不会导致"温室效应"和全球性气候变化，也不会造成环境污染。因此，太阳能发电受到人类的重视，各国竞相研发各种新技术和设备。发射太阳能卫星，就是其中最简单实用的一种。

太阳能发电卫星系统由太阳能卫星、收集太阳能的光电板、微波发射器和接收器等装置构成。太阳能发电卫星系统的运行需要把一级同步卫星发射到距地面36000公里的地球同步轨道上。卫星上的光电板收集足够的太阳能，使电子从汞原子或氙原子中脱落出来，获得带电粒子或离子，变成高速微波发射到地面接收站。地面接收站通过特殊的金属板，把接收到的微波转变成电流，再经整流器把交流电变成直流电，就可以利用了。

但是目前实现太空发电

技术还有一定难度。

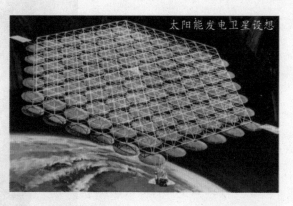
太阳能发电卫星设想

由于太阳光能量密度低，所用来收集太阳能的电池必须十分庞大。而现在发射的卫星和航天飞机、飞船的载重量都有限，不能够一次性的将用来发电的太阳能发电卫星送上太空，只能分开发射组件，然后在太空中进行组装。另外一个难题就是安全问题。有人质疑，就算太阳能发电卫星发射成功，但那么强大的微波要传送到地面，就需要有十分安全的接收设备。万一失控，会不会使微波所到之处化为焦土呢？对此，科学家们进行了一系列研究和测试。

科学家认为，太空太阳能发电技术的本质是微波辐射，微波辐射是一种非离子化过程，就像可见光或无线电信号一样。微波辐射与X射线和伽玛射线不同，是不具有足够的能量的，从而不会使原子或分子失去电子而变成带电粒子，造成DNA及其它生命分子的损坏。

美国还设计了一种失效保险装置，万一卫星失控，可使微波束在太空中立即自行扩散，不会直接传到地面来。如果能从月球上采掘制作光电板和架子所需的硅和铝，那将意味着从地球上送入轨道的重量可大大减轻，从而增加空间太阳能发电的可能性，并使成本进一步降低，有利于它的实现和推广。

知识卡片 **关于建造太空发电站的疑惑**

建造这样一座太空发电站，必须要慎重。人类进入太空后制造的垃圾对宇宙以及各类航天器已经是一个巨大的威胁。而这样一座巨大的太空发电站，一旦失败，设备如何回收？就算不失败，它会不会受到太空垃圾的威胁呢？一旦受到太空垃圾或小行星、陨石的撞击，一切将毁于一旦。

五、太空站里的天文研究

太空中不受地球大气层影响，也没有灰尘颗粒，因此视野非常清晰，在太空进行天文观测，事半功倍。天文卫星、空间站就是理想的天文台。

太空站相对于其他航天器或天文观测工具，就显得优越得多。

在太空站进行宇宙天体位置、分布、运动结构、物理状态、化学组成及其演变规律的研究时，因为

太空站在太空中活动位置优越，又是绕地运行，所以在观测时就有了多方位性和广泛性。又加上有宇航员及时参与观测，可以对观测进行调整，从而能够达到一般航天器望尘莫及的观测效果。不受大气层影响的观测环境绝对是一宝贵资源，可使观测仪器发挥最大的作用。

专家们可以通过太空站获得宇宙射线、亚原子粒子等重要信息，

太阳

从而了解宇宙甚至宇宙起源，还可深入研究星体的构成、直接观测遥远的星系、太阳系内各行星和太阳、月亮，以及对影响地球环境的天文事件作出快速反应，及时保护地球，保护在太空飞行的航天器和宇航员。

就拿太阳来说吧。太阳是地球上光和热的源泉，是一切生命活动的来源。因此，太阳的变化会对地球产生各种各样的影响。

当太阳上有大群黑子出现的时候，地球上的指南针会乱抖动，不能正确地指示方向；平时很善于识别方向的信鸽会迷路；无线电通讯也会受到严重阻碍，甚至会突然中断一段时间。这些反常现象将会对飞机、轮船和人造卫星的安全航行、还有电视传真等造成很大的威胁。黑子还会引起地球上气候的变化。黑子多的时候地球上气候干燥，农业丰收；黑子少的时候气候潮湿，暴雨成灾。研究地震的科学工作者发现，太阳黑子数目增多的时候，地球上地震也多。地震次数的多少，也有大约11年左右的周期性。黑子多的年份树木生长得快，黑子少的年份就生长得慢。黑子数目的变化甚至还会影响到我们的身体。人体血液中血球数目的变化竟然也有11年的周期性。

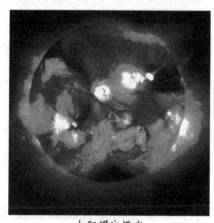

小小的太阳黑子，都会直接影响到地球，而太阳耀斑和暗条爆发，以及小行星对地球的撞击，更将对人类的生存和发展有着决定性影响。因此，进行细致的天文观测和研究是人类生存和发展的必修课。

太阳耀斑爆发

知识卡片 //// **太阳黑子的变化规律**

太阳上不起眼的黑子，变化起来也会大大影响人类的生产、生活。据观测和研究，太阳黑子的出现有一定的周期性，大概是十一年。

六、太空站的植物生长试验

生物学方面的研究内容很广泛，它包括低等、高等植物、微组织、昆虫、脊椎动物、活组织培养以及生物聚合物等的研究；也研究生命活动的过程——遗传学、可变性、细胞分裂、胚胎发育等。而现在开展的生物科学研究，主要集中在太空站植物生长试验上。

解决植物在太空的生长问题，是研究航天器环境控制和生命保障系统的重要环节。

经过试验，专家发现低等水生物植物——小球藻可以被当做未来太空粮食生产对象。小球藻是一种，无根无叶，无花无果的单细胞海藻，这种单细胞海藻在失重状态迅速繁殖，内含蛋白南、脂肪、碳水化合物和维他命。能有效地进行光合作用，产生氧而不产生有毒物质。而空气间站里人们的排泄物，正好可以作为小球藻所需要的养料；这样小球藻就形成了一个良性循环的生态环境。但是，它们很难作为人的食物，因为它有一种令人讨厌的气味。

科学家们设想用海藻作为动物和家禽的饲料，以供给星际飞船的乘员以肉类、牛奶和鸡蛋。在太空站，人类还进行了高等植物生长试验，发现，在失重状态下高等植物基本上能通过生长的所有阶段。

太空小球藻

在研究其他植物在太空生长时，研究人员还试了其他方法。例如，溶液培养和电刺激培养。在研究太空蔬菜培养时，研究人员将莴苣、胡萝卜和西红柿放进无土壤的培养基中，并在失重条件下培育起来。

失重条件下培育出的蔬菜

太空莴苣

结果发现，莴苣在含水的培养基中生长比在土壤中快2～3倍，并且发现莴苣很难与西红柿混种，只要有西红柿，莴苣便难于成活。原因可能是西红柿消耗的培养液太多，也可能是它对莴苣有毒，这有待进一步试验。使科学研究人员兴奋的是用这种溶液培育的胡萝卜大获成功，长出来的胡萝卜味道鲜美，百尝不厌；但胡萝卜的形状怪异：上半部还算正常，下半部却向上弯曲，根须则像卷一样卷绕在一起。时间将会证明，哪一种植物培养方法更有效。

通过太空植物生长试验，科学家最后得出结论：在失重状态下，高等植物能通过其生长的所有阶段，不一定会在成熟期死亡。这个结果有十分重要的意义。地面进行的模拟试验以及在航天站反复进行的一系列试验都证实了上述结论。

 **知识卡片** 人造土壤试验

科学家们还研制了人造土壤。一平方米菜园在70天可生产1千克小萝卜。与此形成对照的是一平方米人造土壤，21天可生产10千克。这些成果不仅在实验室，而且在某破冰船上试验时获得，那里配备了人造实验菜园。使用人造土壤的实验表明，它可能有巨大的实际意义。

七、太空医院

宇航员在太空作业生病了不能叫急救车，不能因为牙疼去看医生。宇航员在空间站飞行数月后却能健康地回地球。他们是如何办到的呢？

在对宇航员的挑选过程中，都会选择身体素质够硬的人员去太空执行任务。太空站也有治疗各种疾病的应急药物，都分别包装好，并附有详细的说明。因而目前宇航员的一些小病症在太空中是可以度过并且不影响执行任务的，但也不排除一些突发病症，影响宇航员在太空执行任务。

如1985年11月苏联"礼炮7号"、"联盟T14"、"宇宙1686"航天站复合体指令长弗拉基米尔·瓦休金突然生病，航天站常备药箱中的药不能改善病情。地面测控中心不得不作出决定中止他的飞行，让他返回地球住院治病。

宇航员一些突发状况在太空中难免发生，而且太空的环境、强烈的辐射等也会对宇航员的体质造成影响，人类建造太空旅馆甚至太空城等计划也需要强大的生命安全保障。于是，开始计划设立太空医院。

太空医院将利用太空轨道资源、真空资源、辐射资源、失重和微重力资源、太阳能资源、高低温资源等一切可以利用的太空资源开展医疗救助活动。是人类设立在永久性太空城中，为进入太空生活和旅游的人看病以及治疗地球上人类疑

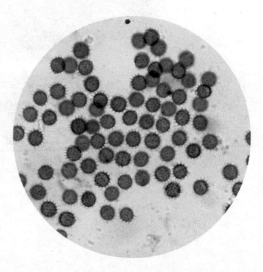

可怕的微生物病菌

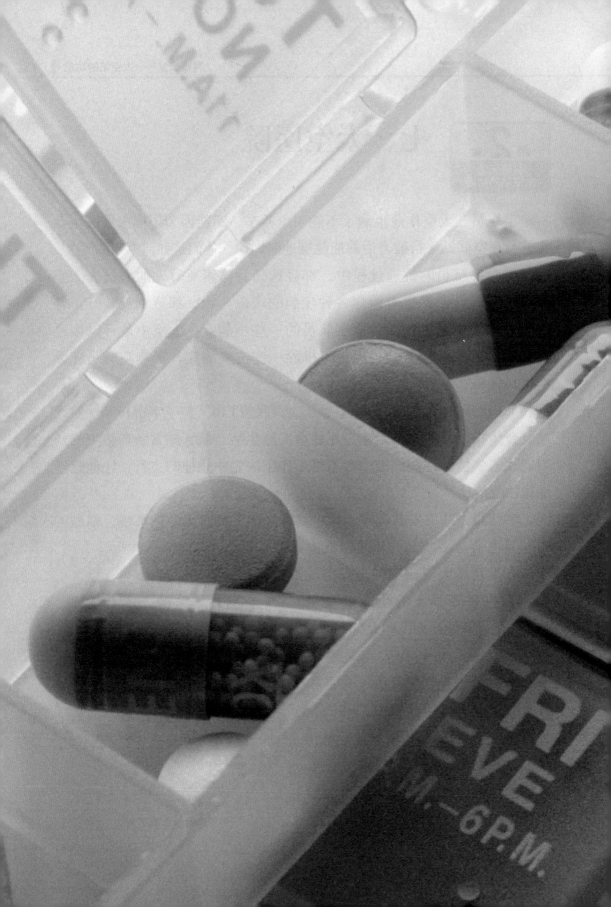

难病症的救治中心。

现在生活在地球上的人类，正遭受着越来越多的变异病毒的侵害，给人类带来了巨大的灾难和防治方面的困难。太空药品生产实验中心通过微生物变异生产出的疫苗和用于治疗疑难病症的药物，不仅能使在太空中进行科学考察工作、旅游、生活的人们享用，还给生活在地球上的人类带来了福音。

在太空医院设立有太空药品生产实验中心，通过太空微重力、强辐射、强磁场等特殊环境研制在地球环境中无法制造的药品。人们还在太空医院设立睡眠障碍治疗科、腰椎、颈椎、腿病治疗科、癌症治疗科、特殊医疗科等。随着人类太空活动的深入发展和活跃，将会有更多的人进入太空进行科学研究、太空探索、旅游和生活，这便使太空医院的建立成为必需。同样，由于太空医院具有比地球环境中更加独特的医疗环境和医疗效果，不久的将来，人们会根据自己的需要，不惜代价地进入太空医院治疗疑难病症。一些有经济实力的国家政府会购买大量太空药品生产实验中心的药品为国民医疗所用。因此太空医院必将会产生巨大的经济效益。

在早期对太空的探索中，人类对在太空中如何生活、进食、治病等问题都没有答案。为了解决这些问题，建立了一个完整的科学实验基地——医学生物问题研究所。研究所从1963年起对宇航员可能遭遇的各种情况进行演练并制定出战胜不利情况的办法，航天医学最初以地面医学为基础，但由于太空飞行的特殊性，对它的研究不得不从零开始。例如属药水一出药管因为失重就变成蒸汽，怎样把它滴到鼻子里？选择哪种材质包装药片，才能使它不与周围环境发生化学反应？都曾是人类进军太空的难题。

如今，宇航员在太空的食物是按照胃肠病学家为病人安排的膳食制定的，含有人体所需的各种营养，并且科学家们

早期苏联宇航员的太空饮食

为长期太空探索研制出一种不会变质的能够长期保存的食品，为宇航员在太空执行任务提供了强有力的保障。

目前空间站内进行的医学实验仅是具有试验意义的"太空医院"。而理想的专门化的太空医院是建立在月球上，与设想中的太空城建在一起。随着月球城的计划和建设，不远的将来人类将能建立起具有实际意义的太空医院。

知识卡片 /// 太空医院

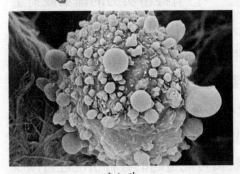

癌细胞

美国科学家发现，癌症患者到太空治疗能收到最理想的效果，因为人体内抑制细胞发生癌变的基因P53，在人体内生长速度较为缓慢，而一旦进入太空，增长速度将是在地球上的5倍以上。太空还有利于人类许多疑难顽症的治疗。例如，骨折、腰部挫伤等，在太空失重的环境下不用石膏绑扎便能痊愈。再如地球上严重烫伤烧伤的患者植皮后，由于与床接触的部分皮肤血液循环不充分，极难治愈。但如果处于失重的状态，患者便能悬浮在空中，为治疗带来极大方便。在太空中医治心脏病更为方便，由于血液失重可减少心脏的负担，患者不用医治，仅靠自身的恢复能力就能自然痊愈。

八、太空制药厂

随着空间技术与航天事业的发展以及太空医院的设立，科学家们已着手建立太空制药厂。由于空间轨道不存在地心引力，因此，太空制药厂可以生产某些地球上难以生产的药物，同时又可实现对太空医院的药物供应。

美国曾发射过几颗生物卫星，并在第二颗卫星上进行了电泳试验。

电泳仪是专门用于分离蛋白质，合成尿激酶的设备。1971年和1972年，"阿波罗14号"、"阿波罗16号"两艘载人宇宙飞船相继上天，并进行了一系列的空间电泳试验，最终获得成功。此后，在美国和前苏联联合发射的一颗卫星上，又进行了进一步的科学实验，分离出一种尿激酶，可消除由静脉炎和心脏病变

等引起的血栓，并用在治疗血栓梗塞性疾病，以及因纤维蛋白沉淀引起的各种疾病，如脑血栓症、急性心肌梗塞症、周身血管和视网膜血

视网膜血管闭塞

管闭塞症等，是一种新的特效活血栓药物。这是人类在太空中生产出的第一种药物。

第一家太空制药厂在1985年由美国专家和制药厂商共同设计。该制药厂重量为2270千克，包括24个小车间，装在飞船舱内。美国科学家认为这种生产方法，不仅药品具有地球上制药厂无法达到的高纯度，而且产品价格便宜。

越来越多的医学突破，从太空科技取得的成果中受益。有数据显示，同样设备的情况下，太空制药一个月的产量，相当于地球上30～60年的产量，况且制造的药物高纯度是一种质的飞跃。一旦建成太空制药厂，就可以批量生产地面上奇缺或无法制成的各种药物，为全人类带来福音。

知识卡片 各种太空药物

在进一步的研究和实验中，科学家们已经研制出多种太空药物，如以下几种：

（1）干扰素。这是一种糖蛋白，可抗病毒感染，也有一定的抗癌作用。而太空制药厂所提供的这种产品的纯度远远高出地面上所生产的。

（2）抗血友病基质。它的作用与尿激酶恰好相反。用常规所得到的该基质纯度很差，往往引起患者的变态反应，而太空药厂生产的这种基质则可克服以上缺陷。

（3）愈合药。用控制真皮生长的蛋白质治疗严重的跌伤和烧伤会更有效，它是由人体颌腺分泌的。这种药物的纯度要求异常高，必须在太空制造。

（4）促进红血球蛋白增生的蛋白质。这是一种治疗贫血的珍贵良药，它能减少输血量。这种药同样要求极高的纯度，所以太空制药厂是制造这种药的最佳场所。

（5）β细胞。这是胰腺分泌的一种细胞，是治疗糖尿病的良药。

（6）抗胰蛋白酶α蛋白。这种药物对肺气肿和肺泡肿胀十分有效。

九、太空动物园

第 2 章
科研天堂
太空站的功能

为了人类能在太空生活和工作，人们开始了宇宙动物学的研究，用来摸索出一些经验和根据。为了了解和验证动物的太空习性，科学家们在宇宙飞船上建立了动物实验室，就是"太空动物园"。

首先，人们对中、小动物，如青蛙、兔子、猫、狗、猴、鸡、鱼和蜂等进行了太空生存实验。苍蝇和老鼠这两种被人类所厌恶的动物，也有幸进入太空成为良好的研究对象。而地球动物园里尊贵的大型动物狮、虎、象等，由于运载上天所需的成本太大，还需等待时机。

科学家把几百只苍蝇分别放在太空动物园的三个重力场各不相同的角落里。这三个角落一个模拟地面，一个是地面的2倍，再一个是地面的5倍。结果发现，苍蝇们都喜欢到模拟地面重力的那个角落产卵生殖；在地面2倍的重力场的地方，苍蝇都萎靡不振，出现病态；而在是地面5倍的重力场处的苍蝇，都很快地死去了。

太空苍蝇生长实验

太空动物园里还装有6对雄雌老鼠和30只独身雄鼠，分别让它们在模拟地面和二倍、四倍于地面重力场的环境中生活。结果发现：老鼠的抵抗力大于苍蝇，任何环境下的老鼠都没有死亡。不过，大于地面重力环境里的老鼠都显得惊躁不安，并且在7天以后，它们的肌肉萎缩了，病态很严重。回到地面后解剖检查得知，它们的肌肉中粘多糖成分下降，胃壁细胞中的细胞质密度变小，胃中磷酸酶的活性增大。而在模拟地面重力环境下的老鼠，不但健康如常，而且有两对还在太空中成亲、交配、怀孕和分娩，生下的小老鼠在回到地面后仍能健康地活着。1985年4月，美国科学家在"空间实验室"3号上放置了12只出生仅56天的幼鼠，经过7天飞行后，发现幼鼠的前脚重量减少了14%，腰骨的重量

模拟地球重力环境下繁殖的老鼠

减少了7%，前脚抗弯曲的强度也减弱了28%。

前苏联"宇宙110"卫星上，苏联科学家装载了两只小狗，在太空中飞行了22个昼夜后，发现它们的水盐代谢，特别是钙的代谢功能被破坏，肌肉萎缩，血液成分改变，心血管系统功能也受到影响。但是，这些影响并没有危及小狗的生命，当它们回到地面后又进入了正常的发育状态。

美国航天员还曾将一些水母带上航天飞机，研究水母的生活和动物的定向能力，水母在太空很活跃，不停

水母

地搏动身体，但行为异常，在水中不停地转圆圈。1992年9月，美国航天员将12枚已受精的青蛙卵带上航天飞机，结果孵化出7只蝌蚪。这些小蝌蚪行为很怪，在水面上窜来窜去，飞快地转圈游动，不停地摇动尾巴或前后翻滚。

苏联航天员在"和平"号空间站进行孵化鹌鹑蛋的试验，鹌鹑孵化出来后，不能抓住铁笼的铁丝，在笼内挤成一团，最后因营养不良而死亡。为了能在太空养鸡，莫斯科航空学院的学生成功地设计制造了太空孵化器和饲养装置，并已收获了200只成年鸡。

苏联航天员将两只猴子带到"宇宙1887"号生物卫星上，在经过13个昼夜飞行后对它们进行观察，发现猴子能很好地保持原有的习性和掌握原有的技能，感觉器官也没有受到不可逆的影响。最终，科学家们得出结论动物越高等，自动调节适应太空变异环境的能力越强。

小鸡荣幸地成为"太空居民"

知识卡片 /// 进行太空动物生长实验的目的

为了保证宇航员在空中更健康地生活和工作，制定的生命科学飞行实验计划。用在这方面研究的生物卫星就相当是一个空间生物实验室，可研究失重、超重和其它空间环境对生物生长、发育、代谢、遗传等方面的影响及其防护措施，能揭示在地面条件下发现不了的生物问题。

第2章
科研天堂
太空站的功能

十、太空新能源

　　人类的生产、生活需要足够的能源来支撑，可是地球上的资源又十分有限，开发清洁有效的能源迫在眉睫。随着航空技术的发展，人们把开发新能源的目标指向了太空。

　　太空科研项目中强有力的一条就是开发太阳能资源。因为地球上所接收到的太阳能少之又少，所以目前太阳能在人类生活中应用还不十分广泛。而在太空无大气层阻隔的情况下，太阳能资源就十分富足了。发射到太空的太空站上都有太阳能电池板，用来接收太阳能并将其转化成所需的能源，供太空站使用。

太阳能热水器

然而，如何将太阳能传输到地球供人类使用呢？

人类进军太空的早期，科学家们就开始研究开发利用太阳能资源。然而，用来收集太阳能的电池需要占十分庞大的空间，目前还没有办法利用航空器将其发射到太空。而且进行这一项科学实践成本巨大，资金方面也还存在问题。

在太空，有着许许多多等待着人类去开发、利用的能源，而核能源也是其中的一种。太空中有大量的核发电材料——氦-3，人类计划在月球上建造的核电站也即将一步步实现。

太阳能光板

知识卡片　曼金斯实验

一位曾供职美宇航局的科学家曼金斯利用无线电波，将太阳能在两个夏威夷岛屿之间传输了148千米的距离。曼金斯的构想是将重达约500千克的轨道卫星收集的太阳能传输至地面一个大型接收站。

曼金斯曾在美宇航局工作25年之久，长期负责宇航局太空太阳能项目，直至该项目被取消。后来，他成功将20瓦的太阳能在两个岛屿之间传输。曼金斯的这次实验，由于岛上的接收站过于小，只有千分之一的能量被接收到，虽然效果不是十分理想，但至少证明人类完全有可能将太阳能从卫星传回地球。这次实验耗资约100万美元，由于没有庞大的资金支援做后盾，曼金斯的实验只能达到这样的效果。

按照设计，在实验所用的9个太阳能电池板中，每一个的传输能力达到20瓦左右，不过为了让美国联邦航空管理局批准这次实验，每个太阳能电池板传输的能量只能限制在2瓦。尽管接收站接收的能量极为有限，但曼金斯说，地面实验证明通过大气层传输太阳能是可行的。

十一、监测小行星对地球的挑战

第**2**章
科研天堂
太空站的功能

　　根据记载，1908年6月30日，发生了怪异的通古斯大爆炸。一个天外物体，一头栽入地球大气层，在亚洲上空从东南向西北疾驰而去，在贝加尔湖西北通古斯河谷上空爆炸。当时，光芒眩目，强烈的冲击波摧毁了2000平方千米的森林，并造成一场大火，威力就相当是20000颗落在广岛上的原子弹。后来根据地面的伤痕和散落物分析，估计是一个彗星核还没有碰上地球就爆炸了。

模拟小行星撞击地球

　　对于恐龙的灭绝，人们也曾怀疑过是小行星撞击地球闯的祸。看来，如果小行星再次撞上地球，必将给人类带来毁灭性的打击，因此，观测小行星对地球的撞击是一项具有重大意义的研究。

　　那么，太阳系共有多少颗小行星？它们会不会撞上地球呢？

　　在太阳系中，除9大行星和一些行星的天然卫星外，还有一些小天体，人们把它们叫小行星。在火星和木星的轨道之间，有50多万颗小行星。它们的直径大多数只有几米，几十米，大到一千米的约有1万个，超过一千米的只有一个。它们虽然都运行在火星与木星之间的轨道上，但是，其中有一些会因为受木星、火星和地球的摄动影响，轨道发生改变，有可能同地球相碰。据测算，有40颗小行星有可能接近地球。

小行星带

然而，目前科学家认为，小行星与地球相撞的可能性几乎为零。这是因为：小行星与太阳系9大行星都在各自的椭圆轨道上运行，轨道在空间几乎不相交；大部分小行星都位于远离地球3亿～4亿千米以外的空间。退一步说，如果个别行星轨道之间有相交点的话，那么这些行星也不具备在同一时刻经过交点的可能，因此这种可能也几乎是没有的。

根据统计规律计算，大约每1008年小行星接近地球或碰撞地球的可能性只有2～3次。人们又通过对木星的探索，发现木星有很强的磁场，而且其表面也有不计其数的陨石坑，应该是小行星撞击造成的。因而得知，太阳系以外及太阳系中接近木行的有可能对地球造成撞击的小行星，大多都被木星自身的引力吸引过去从而与自身相撞了，因此，地球才得以保持长期的安宁。

国外一些科学家设计了一些观测小行星的方案。比如，在高空设立监测站，监视小行星运行动态。如果发现它们有"越轨"的行为，就放出导弹击毁它们，或者"抓获"它们，让它们去和其他小行星碰撞。

知识卡片 冰岛

根据地质学家们的探索，分析出北欧、南欧和澳洲的某些地区地质土样白垩纪——第三纪尘埃沉积有一层一二厘米厚的，其中铱的含量反常，好像是天外小行星入侵的遗迹。而这颗小行星究竟落在了哪里？目前找不到与其吻合的大陨星坑。有人认为，它正好撞上地球薄层，钻入地球内部，并在钻入的地皮上留下了一个长宽达200公里的遗迹，那就是今天的冰岛。而冰岛的地质确实只存在着没有比第三纪更古老的岩石。冰岛是小行星碰撞的结果的说法，并不是没有道理的。

冰岛冰川

空间节能
——太空站的长久使用

◎载人飞船与航天飞机

◎回归地球的返回舱

◎环境控制与生命保障系统

◎太空站的控制与制导系统

◎太空站的日常养护和维修

◎载人——太空站的后勤保障

◎未来的太空旅馆

◎未来的人类太空基地

一、载人飞船与航天飞机

第3章 空间节能 太空站的长久使用

载人飞船是能保障航天员在外层空间生活和工作以执行航天任务并返回地面的航天器,又称宇宙飞船,是人类往返于地球和太空站之间的工具。载人飞船可以独立进行航天活动,还能与空间站或其他航天器对接后进行联合飞行。

神舟七号载人飞船

载人飞船被称作地面与太空站之间的"渡船",然而,它还是有一定的缺陷。载人飞船容积较小,受到所载消耗性物质数量的限制,不具备再补给的能力,而且不能重复使用,因此不够经济。

1961年苏联发射了第一艘"东方号"飞船,开辟了人类载人航天飞行的先河。后来又发射了上升号和联盟号飞船,美国也相继发射了"水星号"、"双子星座号"、"阿波罗号"等载人飞船。人类航天事业从此发展得如火如荼。而阿波罗号更是登月载人飞船的鼻祖。

载人飞船一般由乘员轨道舱、服务舱、返回舱、对接舱和应急救生装置等部分组成,登月飞船还具有登月舱。为了保证人员能进入太空和安全返回地面,载人飞船还设有几乎完美的以下主要分系统:结构系统、轨道控制系统、无线电测控系统、电源系统、姿态控制系统、仪表照明系统、返回着陆系统、生命保障系统、应急救生系统。只有这些系统正常运行,才能保证载人航天飞行工作的顺利进行。

美国航天飞机

1972年1月，美国开始研制能够重复使用的载人航天工具——航天飞机。在美国科学家的计划里，航天飞机由可回收重复使用的固体火箭助推器，不回收的两个外挂燃料贮箱和可多次使用的轨道器三个部分组成。

经过5年时间，1977年2月研制出一架"创业号"航天飞机轨道器，由波音747飞机驮着进行了机载试验。宇航员海斯和富勒顿两人参加了这次试飞，并取得了圆满成功。又经过了4年的研究和完善，第一架载人航天飞机终于出现在太空舞台。

航天飞机结合了飞机与航天器的性质。它既能代表运载火箭把人造卫星等航天器送入太空，也能像载人飞船那样在轨道上运行，还能像飞机那样在大气层中滑翔着陆。航天飞机为人类自由进出太空提供了很好的工具，它大大降低航天活动的费用，是航天史上的一个重要里程碑。

多年来，为进行大规模的空间活动、空间维修、空间操作做准备，人们利用载人航天器进行了大量的模拟试验和硬件操作实验，以证实其方法和技术的可行性。同时，进行了新型航天器研制中的新技术、新材料、新工艺的试验。无论是美国的航天飞机还是前苏俄的空间站，都把进行工程技术实验作为一个重要任务。载人航天器在人类飞向太空的道路上，充当了开路先锋。

知识卡片

飞船的结构特点

飞船的主要结构特点是有载人舱。它的主要结构可分为几个舱段。例如，可采用两舱式结构和三舱式结构。如果有对接任务又没有对接机构时，它就放在飞船的最前边。

苏联第一代飞船"东方号"的结构很简单，是两舱式，飞船只能载1个人。第二代飞船飞行时，苏联的"上升号"在"东方号"的基础上多了一个出舱用的气闸舱，而且能载2～3人。

太空舱

二、回归地球的返回舱

第3章
空间节能
太空站的长久使用

宇宙飞船和航天飞机从天外返回地球，是一个非常复杂的难题。宇宙飞船返回舱最后是以3.5米到10米、秒的速度软着陆，它们的速度要由宇宙第一速度进入大气层，利用缓冲火箭和巨大的降落伞，使速度逐渐降低。

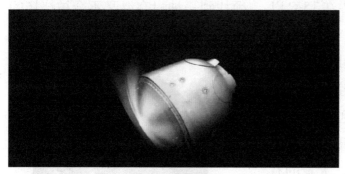

飞船返回大气层

速度极快的宇宙飞船在穿过浓密的大气层时，外壁由于与空气激烈摩擦，要产生大量的热，这就是所谓的"气动加热"。在距地面60千米左右，温度变得最高，在机头，温度可以达到1000℃～3万℃。整个机身变成一个灼热耀眼的火球，就像我们经常看到的火流星，与地面的无线电通讯都会暂时中断。

这样险象环生的经历，如何才能保证返回舱内宇航员的生命安全呢？宇宙飞船的返回舱中不仅有宇航员，还有珍贵仪器资料，所以必须保证宇宙飞船或航天飞机安全返回。要使返回舱经过烈火高温的洗礼，通过大气层顺利返回地面，这就必须研究制造一件宇宙器的"避火衣"。

在宇宙飞船不同部位的厚度是不同的。在"返回舱"的前缘是承受温度最高的部位，因此需要重点

东方号返回舱

保护。由于宇宙飞船只使用一次，科学家用"瞬间耐高温材料"为宇宙飞船返回舱精心设计了一件奇妙的"避火衣"。这是一种特殊纤维材料或多孔颗粒加上有机物组成的，是一种低导热复合材料，这一层材料厚度是经过精心计算设计的。

宇宙飞船返回舱的"避火衣"设计十分巧妙。它的重量比较轻，但是由于它的双重奇妙功能，使返回舱中的温度可以保持在35℃以下，十分安全。

当宇宙飞船返回舱由太空返回地球通过大气层时，与空气剧烈摩擦将产生大量的热，这件"避火衣"遇到高温时就会主动"引火烧身"。自己先燃烧起来，大量的有机物会发生化学分解和气化，带走大量的热量。更奇妙的是：这件"避火衣"在燃烧自己的同时，还

形成了一层厚厚的多孔炭化层，紧紧地附在"返回舱"的外壁，这一层炭化层具有极好的隔热效能，在它严密的包裹下，能有效地防止外界热量传入舱内。

然而这样的"避火衣"对航天飞机的研究不适用了。宇宙飞船只使用一次，可航天飞机要在地球和太空往返75～100次，而且载重量大大超过宇宙飞船，因此，科学家必须找到一种耐高温又不会被烧坏的超级"避火衣"。

神五返回舱

知识卡片　航天飞机的高科技"避火衣"

航天飞机的"避火衣"是使用一种特殊的陶瓷制成的。它与古老的陶瓷大不相同，由耐高温的碳化物、氮化物、氧化物材料经过现代特殊工艺加工而成的。

这种"复合高温陶瓷瓦片"主要由两部分构成，内部是导热系数非常低的耐高温陶瓷纤维，外层包覆的是高辐射陶瓷材料。

第3章 空间节能 太空站的长久使用

三、环境控制与生命保障系统

　　随着人类逐步飞向太空，对载人航天的技术要求也越来越高，为了保障参与航天飞行的人们生命安全以及提供良好的科研环境，航天器上的环境控制与生命保障系统就显得尤为重要。

　　在近地轨道飞行的载人航天器可以由地球发射货运飞船和航天飞机来提供补给，而离地球远一点的载人航天器若要通过地球的补给才能满足需求，就有一定的困难了。因此，环境控制与生命保障系统方面的研究，关乎着人类能否实现飞上其他星球进行探索。环境控制与生命保障系统是任何载人航天器必备的系统。是区别航天器是否是载人航天器的显著标志，是航天技术从无人航天向载人航天发展必须首先要突破的关键技术之一。

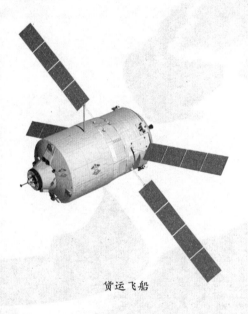

货运飞船

　　环境控制与生命保障系统是飞船上十分重要又相当复杂的系统，是直接关系到航天员身体健康和生命安全的系统，也是关系到航天任务能否圆满完成的重要系统。该系统不仅与飞船系统及其各分系统有复杂的技术接口界面，还与航天员系统有着更加密切的联系。在飞船正式执行载人飞行前，环境控制与生命保障系统必须在不同的系统层次上进行严格的试验验证，充分证明系统合格后，才能实行载人飞行。环境控制与生命保障系统在载人航天中的重要作用和技术难度，受到了广泛的重视和关注。

载人航天器

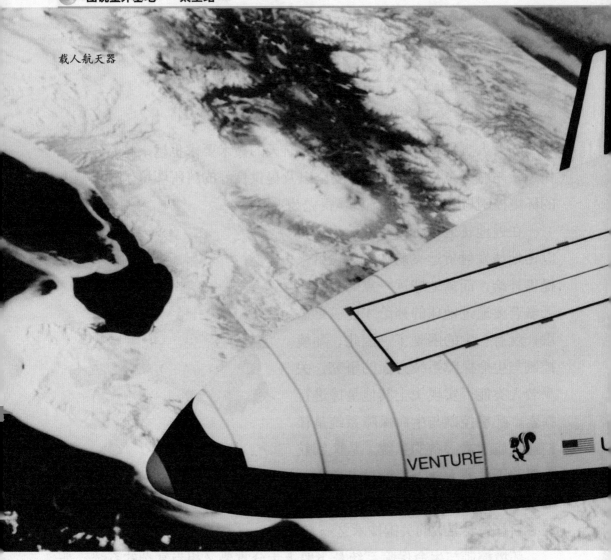

飞船环境控制与生命保障系统的基本任务是在密封舱（飞船轨道舱、返回舱）内为航天员创造一个基本的生活条件和适宜的工作环境，即对包括大气的压力、气体成分、温度和湿度等座舱大气的环境实行人工调节控制；为航天员提供氧、水、食品等生命支持；收集和处理舱内航天员生理代谢等产生的废弃物；为舱内可能出现的火情实行探测和抑制。

载人航天器中的生态系统是环境控制与生命保障系统的重要组成部分。科学家们将各种动物、植物送上太空进行生长试验，选择能够在太空

环境生存的可以形成循环的生态系统的动植物，为宇航员提供水、氧气、食物。植物可以作为宇航员的食物，光合作用下产生可以供宇航员呼吸用的氧气，为动物提供饲料；而动物们所产的肉、蛋、奶又可以供宇航员食用；在载人航天器的内部可以吸收宇航员排出的任何形式的水，并经过处理重新获得饮用水。这样的循环未来将解决人类飞上火星乃至到达更远的星球存在的难题。

 知识卡片 太空服的环控生保系统

环境控制和生命保障系统还应用于太空服的研制上。太空服中，舱外太空服是宇航员进行舱外活动的必须工具，也可称之为小型的载人航天器。利用环境控制和生命保障系统技术，使穿着舱外太空服到太空活动的宇航员处在人体能够适应的气压、氧气等环境中，同时还阻隔了太空中的各种辐射，保证了宇航员们的生命安全。

第3章
空间节能
太空站的长久使用

四、太空站的控制与制导系统

太空站和其他任何形式的航天器都需要拥有控制与制导系统，它就像是航天器的大脑，实现各种指令的控制与执行，强大的控制与制导系统，也是航空技术研究的一大重点。

在控制与制导系统指令下对接的航天器

太空站的导航、制导与控制系统负责确定、建立和控制太空站的轨道运动矢量和姿态，是复杂而功能强大的。按功能来分，它可以分为4个分系统：姿态稳定和控制分系统；导航与制导分系统；信息处理和管理分系统；推进分系统。

对接

姿态稳定和控制分系统

(1)控制和稳定太空站和各舱段的姿态(一般取当地垂线和当地地平为参考方向)。

(2)有效阻止危及结构和精确指向的结构振动，对付结构挠性和液体晃动。

(3)太空站初始运行阶段，在其结构特性不十分清楚的情况下，保证姿态正常稳定，但不要求精确指向。

(4)太空站的结构在几何、质量分布和转动惯量有重大改变时能自适应控制。

(5)在太空站对接和分离时，姿态角速度要严格控制。

(6)提供太空机动飞行器姿态的手控、遥控和自动控制。

(7)提供有效载荷的精确指向和相对参考坐标位置。

导航与制导分系统

(1)太空站从太空运输系统(例如航天飞机)的入轨轨道爬升到太空站正常运动高度的轨道。

(2)维持太空运行的最佳轨道。

(3)制动，使轨道降低到与太空运输系统会合的轨道高度。

(4)确定太空站的运动状态矢量。

(5)测定航天器与太空站接近和离开时的相对位置及相对速度。

(6)为太空站及其平台提供搜索、捕获、跟踪和瞄准目标航天器的引导信息。

(7)为太空站和航天器提供交会、接近、对接和分离的控制指令。

导航、制导与控制信息处理和管理分系统

这里的导航、制导与控制信息处理和管理分系统可以是太空站信息处理和管理分系统中的一个子系统，或者作为信息处理和管理分布式计算机的一个子计算机存在，这就是导航、制导与控制计算机。

(1)导航、制导与控制的软件和数据处理。

(2)导航、制导与控制系统的运行状态和部件性能的监测。

(3)导航、制导与控制系统故障自动诊断。

(4)导航、制导与控制系统冗余部件模块的自主重构。

(5)灵活的人——机系统软件和接口。

(6)为导航、制导与控制系统可维修硬件提供安装、调试和标定软件。

(7)为太空交会、对接、分离和交通管理提供人工智能。

太空行走

第**3**章
空间节能
太空站的长久使用

五、太空站的日常养护和维修

太空站发射升空进入轨道后需要在太空长时间运行以支持宇航员在太空工作，并且不再返回地球，因此，就需要做一定的日常养护和维修工作。那么，宇航员是怎样对太空站进行养护和维修的呢？

太空站内部的设备在日常使用中，宇航员都要对其进行基本的养护和维修，以保证太空站的正常运行及各项工作的顺利开展。除了可以在太空站内部进行的养护、维修外，有时候宇航员还要进行太空行走，到太空站外部工作。

与其他航天器对接是太空站的功能之一。但是，如何确保对接设备在完好、不受损坏的情况下与其他航天器正常对接呢？

大家都知道，航天器在飞行过程中可能遇到很多问题。譬如供飞行任

宇航员在国际空间站外进行维修

务使用的能源不足、载人航天器上需要的补给、需维修的故障等。另外，货运飞船与航天飞机通常为太空站运送宇航员和各种设备、生活必需品，这些工作都是需要和太空按成对接实现的。因此，宇航员需要定期进行太空行走，到太空站载人舱外对其进行检查、养护和维修。

要获得太空站的整体运行数据，保证太空站的长期使用，日常养护和维修工作也是一项压在宇航员身上的重任。

知识卡片 国际太空站的维修

国际太空站是美国的"永久性太空站"设想的产物，就是为永久性太空站。

要保持它能够持久运行，因此，宇航员们身负重任，要经常对太空站及其设备进行检测，并将数据传送给地面控制中心。有时，还要进行危险的舱外行走来对太空站进行养护和维修。

第3章 空间节能 太空站的长久使用

六、载人—— 太空站的后勤保障

如果说太空站是人类在太空进行探索研究的先锋，那么，载人功能便是太空站强大的后勤保证了。太空站虽有强大的控制与制导系统，可以通过发送指令让其正常运行、工作，但许多工作是机械无法完成的，它必须依赖人的参与。

在太空站进行的天文观测，因为有了人的参与而能够随机调整，捕获最新的太空发现，为人类生存和生命起源提供更多有力的发现和证明，还能对各种影响地球的天文事件做出反应，及时保护地球、太空站和宇航员的安全。

在太空站开展科学研究，也需要有人的参与。只有这样，才能获得更精准的数据，促进人类科学技术的发展。

实现了载人，使更多的太空任务更具有灵活性。人们在太空研究、开采太空资源，进行各种生物生长试验，发现现有航天技术需要改进和提高的地方

开发太空资源

以促进人类航空事业的发展，对太空站及其设备进行养护、维修等，这一系列的活动因为太空站的载人功能而得到实现。

载人航天技术是人类航天史上的重大突破，是人类真正走向太空的保障。

太空拍摄的地球照片

知识卡片

载人航天

　　载人航天的目的是突破地球大气的屏障和克服地球引力，把人类的活动范围从陆地、海洋和大气层扩展到太空，更广泛和更深入地认识整个宇宙，并充分利用太空和载人航天器的特殊环境进行各种研究和试验活动，开发太空极其丰富的资源。

第3章
空间节能
太空站的长久使用

七、未来的太空旅馆

伴随着载人航天技术的发展，建立太空旅馆的计划离我们越来越近。

太空旅馆的设想由来已久，早在阿波罗飞船登月之前，人们就提出太空旅馆的构想。日本的清水建筑公司后来也提出过类似的计划。后来由于受科技、资金等多方面技术局限，太空旅馆的计划一直停滞不前，而且，没人真正投资冒这个险。

直到2007年，由美国旅馆业大亨罗伯特·比奇洛投资建造的"太空旅馆"二号试验舱——"创世二号"，由俄罗斯"第聂伯"重型运载火箭发射升空并顺利进入预定轨道。此前，俄罗斯曾于2006年7月用同种火箭将"创世

太空旅馆构想

一号"试验舱送入太空。比奇洛计划，到2015年前，他拥有的世界上第一个私人商业"太空旅馆"将全面开张。

在比奇洛的计划中，他的公司会在2012年发射首个载人太空舱。这个商业化的太空旅馆将会有宽阔的内部空间、宽大的窗口可以饱览地球和太空的美丽风光。

随着航天路线的不断延伸，人们必然要在途中设立太空旅馆。太空旅馆的设计别具一格，主体是一个庞大的环形室。环形室内部，设有居室、

俄罗斯计划建造的豪华太空旅馆

运动场、游泳池、娱乐场、影剧院、公园、商店、医院等。人们将在那里使用自行车和电动汽车作为交通工具。在环形室主体外部，设置工业区和农业区。这里的阳光，是靠太阳光的照射、反射。在太空旅馆上设有一个巨大的天窗和反光镜，自行调节光的强度、照射时间和角度，从而形成分明的昼夜和四季的变化。生活在太空旅馆里的人们，可以从水的分解中获得氧气，大片的植物光合作用也提供给人类生存所必需的氧气。

太空旅馆的逐步建成和完善，标志着人类离建造太空城的计划又近了一步。人类创造另一个可供生存的家园，将不再是梦想。

知识卡片　太空旅馆

太空旅馆是一个电气化世界的密封结构，一切动力都使用太阳能发的电，既没有燃烧煤、石油所引起的环境污染，也不会产生使人担心的核发电酿成的核辐射。除了水资源要从地球获取外，其余资源都可以从月球开发。

设有供航天客机停泊的机场。它可以接待来自地球的游客，也可以从这里乘航天客机去月球观光游览。

八、未来的人类太空基地

从美国宇航员阿姆斯特朗乘坐阿波罗11号飞船登月成功开始，人们对月球几千年的美化时代结束了。人类开始了解到月球表面其实遍布环形山、没有水、十分荒凉、没有嫦娥、没有月宫和桂树。但是，人类登上月球进行的梦想没有受到任何打击。

人类通过对月球的探索，发现月球上有大量的金属元素，甚至有类似纯金属的物质出现；在月球上，可以观看美轮美奂的太空，而且不受大气和灰尘的影响；月球上还有大量的在地球上稀少的核发电材料氦-3等，月球不是一颗荒凉的星球，它简直是一座宝藏。

电影《月球》中，利用氦-3作为清洁的发电原料供人类使用的情景，不是不可能，人类正在用不断探索的脚步去实现那些伟大的设想。

为了使人类在太空更加方便地

荒凉的月球

开展科学研究和资源开发，早在登上月球的初期，美国宇航局就计划在月球建造居民点，即——未来的人类太空基地。到2050年时，再扩建一座月球城。计划在城的中心造一个螺旋形的月球塔，塔上开办月球旅馆，这座旅馆是大楼群，能供1万人居住。地球上去的游客居住在那里，既可遥望故乡地球，又能欣赏宇宙间的美景。月球城设有农业区和工业区，另外还设有观光区、休闲娱乐区、图书馆、太空医院等。

日本科技厅与一些大学和大企业合作，设计一种专供月球上使用的空调器。由于那里是个真空，无法进行热量的交换，为此得将制冷剂在天花板上进行循环，又须用"热泵"通过放热壁，把热量强行排出。

人类在太空中进行的许多活动，都可以把月球当做"踏板"。从月球发射航天器因为重力影响小，可以更省燃料，同时又可达到比地球好很多倍的效果；人们在太空建造基地和进行各种科研、建设，可以从月球就地取材；人们可以在月球建造发电站，太阳能和氦-3都是极理想的洁净的发电材料。

美国"生物圈2号"实验室

美国模拟太空城

为了开发月球，美国还建造了一座太空城。用钢和玻璃建成一个巨大的密封建筑。里面有住宅、办公室、实验室、热带雨林、海洋、沙漠和各种娱乐设施，形成一个生物圈。这座太空城专供志愿去月球的人试住，好适应月球上的生活。

第 **4** 章

星外时光
——太空站的生活

一、宇航员——太空站的主人

第 4 章
星外时光
太空站的生活

宇航员是人类进入太空的伟大先驱力量。他们要在太空应对各种各样的突发状况，还要适应太空中完全与地球不同的生活模式，并且要在太空中进行各种科研工作。宇航员就是太空站的主人。

在离开地面进入太空站后，太空站便成了宇航员的家。他们要在太空站上开始指定时间的生活、工作。和地面上生活一样，宇航员每天早晨起来，也要刷牙、洗脸、梳头，有时还要把胡子剃光，但是它们在太空中的洗漱完全不能像在地球上那样方便。在太空中，水是悬浮的，一旦将液态水暴露在空气中，它们便会散发开来。宇航员还要在太空中收集部分他们的大小便，将其制成标本带回地球供专家研究。

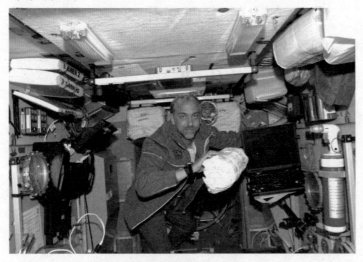

失重状态下的宇航员

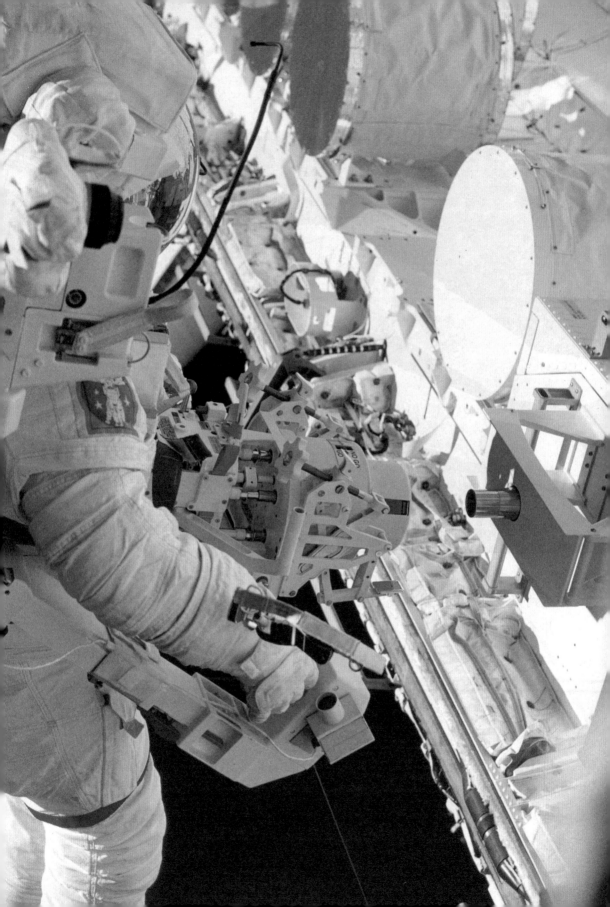

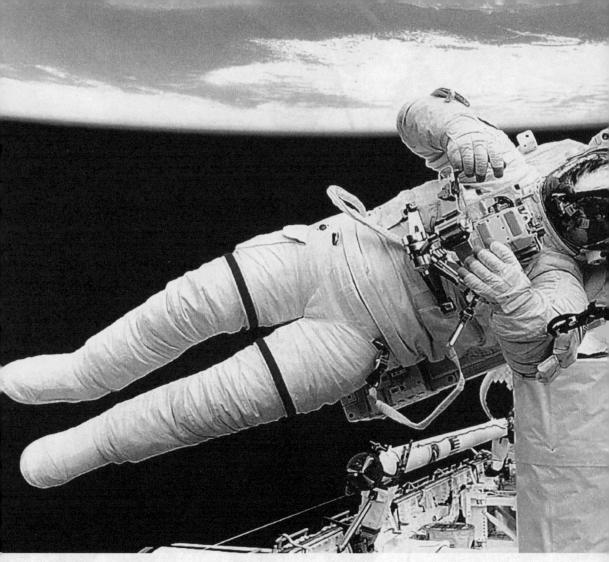

　　大多数人认为，在太空中睡觉，可以完全不受重力影响，身体能够达到完全放松的效果，一定会提高睡眠质量。其实不然，在太空中睡觉，并不是件很好玩的事。

　　据一位美国宇航员说，在太空睡觉，会有一种掉入万丈深渊的感觉，因为没有东西可以对身体起到支撑作用。因此，一般刚到太空的人根本无法安然入睡，这种感觉需要持续两三天才能消除。

　　另外，宇航员睡觉时需要固定自己的身体，否则，身体悬浮在空中，也不能真正入睡，太空站的设备运行的噪声、通讯声，都将影响他们的睡眠。大部分宇航员还反映，他们在太空生活会腰背痛。

　　宇航员睡觉时还要将自己的四肢伸进睡袋里，否则，突然醒来的时候，

太空机器人

会被自己因为失重在空中乱飘动的四肢吓到。欧洲宇航局设计出一种新的睡袋，在袋的外面有些管道，当管道充气时，睡袋被拉紧，从而向人体施加一种压力，这种压力可以使人感到像在地面上睡觉一样舒适，此外还可以消除飘飘然的自由下落感。

如今，人们还研究出了机器人宇航员。并发送到太空和宇航员一起工作。而且，机器人宇航员还能代替宇航员进行一些危险工作。

知识卡片 　太空机器人

如今，美国航空局和通用汽车联合开发的人形机器人——机器宇航员2号已经成功运送到国际太空站，不仅可以代替人去完成许多危险工作，还可以给宇航员的生活带来乐趣，是宇航员亲密的伙伴。

相比20世纪末问世的宇航员1号，机器宇航员2号手指更加灵活，可以完成许多精细工作。它的体力也不错，能举起44千克重的东西。由于安装了特制传感器，这款机器人还能感受其他物体带来的压力。这样在太空行走时，如果机器人不慎碰到了人类宇航员，传感器就能马上关闭机器人，以避免意外事故发生。机器宇航员2号有望在汽车制造和航天航空领域都能发挥重要作用。机器宇航员2号是第一台搭乘航天飞机踏入太空的机器人，也是当今最灵巧的机器人。

二、太空生活的苦与乐

第**4**章
星外时光
太空站的生活

　　谈到太空飞行，人们大多都为之向往，觉得既可以观看太空的美景，又能体验失重给人带来的新奇快感。但却不知，人体长期处在失重状态下，身体会出现种种毛病。人类如果要到火星或太阳系以外的太空探险，必须克服人体的种种问题，否则恐怕永远也无法成为现实。

浩淼的太空

　　人体离开地球熟悉的生活状态，处在无重力的"失重"状态时，会出现哪些问题呢？专家们做了些预测，虽然实际上没有预期严重，但是由于资料太少，无法下定论。往后的太空研究还要深入探索人体长期处于失重状态下的影响。

　　以下是专家的预测，试简述如下：

　　心脏：体液流动，引起心脏肿胀；心肌和其他肌肉一样，也会萎缩。太空人回到有重力的地球后，心脏供血到头部可能会出现问题。

心脏模型

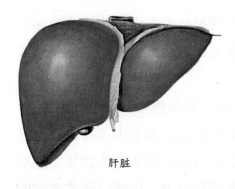

肝脏

肝脏：失重状态下，肝脏处理药物的过程不同，因而在地球使用的药物剂量可能不适用。

肾脏：从骨骼流失的钙质会积在肾脏形成肾结石。肾脏的功能也会改变，生成的尿液减少，且会加速碳水化合物、蛋白质和脂肪的形成。

肾脏模型

骨骼：骨骼流失钙质，造成骨质疏松症的情况，会增加骨折的危险，且可能导致身高永远变短。

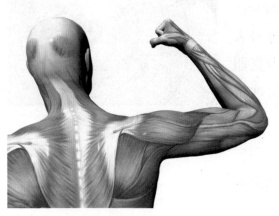

肌肉萎缩

肌肉：即使太空人严守规定，规律运动，肌肉也会逐渐萎缩。

脸部：脸部浮肿，眼皮变厚及鼻子充血。

内耳：人体内耳中的位觉感受器在有重力的状态下是固定的，可以告诉人体何是向下。但一旦处在失重状态下，内耳感受器就会任意浮动，导致恶心、晕眩、昏昏欲睡、发烧和出冷汗。

眼睛：内耳的混乱，干扰了头部和眼睛间的讯号，可能引起眼睛幻觉。

脊柱：人的脊柱会拉直，造成背痛和神经受阻，扰乱了触觉。

肠道：会出现便秘。

小腿肚：由于骨质和体液的流失，可能使小腿肚肌肉减少30%，这种现象太空人称之"鸡腿"。

循环系统：体液升到头部和躯干，肾脏把此现象误解为体液过多，而增大泌尿量。从而造成血液量减少，使人体减少红血球制造量，造成"太空贫血"。

免疫系统：免疫系统功能可能减弱，使人容易感染。

虽然太空生活会给人们身体带来一定的困扰，但宇宙飞行也还是有很多乐趣的。在太空中，可以不费吹灰之力就举起很笨重的物体，能够轻轻一跳就跳很高，所有的东西都可以悬浮在空中，还可以欣赏宇宙的美景。据说，到太空减肥效果也是很好的。一些女性觉得四肢有多余肌肉会显得不美观，到了太空，肌肉自然会减少。

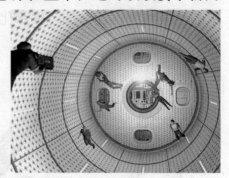

失重

太空生活有利有弊，但是随着人类科学技术的发展，一定会逐步克服弊端，使人们真正能够放心大胆地进入太空。

知识卡片 //// 三大太空病

（1）空间运动病

70%的航天员进入太空之后，仍会产生空间定向失常、方位感缺失、恶心、胃肠不适、头晕、呕吐等症状，严重时将无法出舱。航天飞行前3天是空间运动病高发期，发病率达到50%。

（2）减压病

减压病不是航天的特有疾病，和环境的压力变化有关，指在一定压力条件下，原先溶解在人体血液中的氮气，由于溶解度因压力改变而下降，形成气泡游走的疾病。它可使航天员出现关节疼痛症状，严重时可能引起头疼、呼吸紊乱甚至意识丧失。

（3）立位耐力下降

主要是由于体液丢失和重力适应性反应来不及调节所形成的，主要表现为航天员返回地面后站立不稳，容易虚脱。

神秘的太空

三、太空人的生理变化

第**4**章
星外时光
太空站的生活

　　离开生存已久的地球到太空，每一个宇航员上天初期，都会对太空的环境有明显的不适应。毕竟离开了人类世世代代生存的家园，到了一个完全陌生的空间。人类进入宇宙空间前，曾有人预言，失重可能破坏人体的内环境平衡，使人的生理功能发生不可恢复的变化，甚至断言，谁要摆脱重力，谁就将因发生心力衰竭而死亡。后来宇航员在宇宙空间生活的实践证明，人在失重时，生理功能会发生一定变化，但是并不像那位悲观者预言的那么严重。

　　宇航员最明显的不适反应就是心跳速度在飞行加速时明显提高。据统计，宇航员起飞前，平均心跳每分钟62次，而飞行加速时达到每分钟109次，以后又下降稳定在每分钟70次。宇航员随飞行加速而心跳加快时，血液向头部集中，引起头涨鼻塞、面部浮肿、颜面潮红，有恶心感，严重的甚至呕吐，这种情况称为"航天病"。但在各个宇航员身上表现程度不同，就像有人要晕船有人不会晕船一样，经过一段时间可以逐渐适应。

太空失重

　　失重时人体生理功能改变，主要是血液和体液重新分布，大量的血液和体液向头部及上半身集中。大约有2千克血液和体液瘀积到头、

太空中动作"笨拙"的宇航员

胸部，引起头、胸部脉管扩张，面部及上肢浮肿，下肢皱缩；胸部充血增多，心脏增大；血液中红细胞下降约10%，心血输出量减少30%，全身循环血量减少20%；体内大量失水而造成血浆加浓、血液容量下降。宇航员刚从飞船走下地面，甚至一时不能直立行走，要别人扶着走一段才能行动，这也表明体力消耗是颇大的。

宇宙飞船绕地球轨道作圆周运动时，飞船运动的离心力和地球对飞船的引力相等。由于这两种作用力方向相反，使飞船上的人和物体，处于失重状态。在失重条件下，会出现许多奇妙而有趣的现象，这对宇航员的生活、健康有着重要的影响。

在失重情况下，宇航员会觉得头部知觉和身体知觉不协调，闭上双眼时，判断不清周围物体和自己身体的相对位置，有时感到眼前冒金星并有幻觉。

失重条件下人摇摇晃晃坐立不稳，因而走路要十分小心，要穿上鞋底带爪子的特制鞋，想站住时就把爪子插进有网格的舱壁上稳住身体。如到舱外活动，就要操纵带在身上的一组喷气咀，以便控制来去行动。

如今，人类在对太空人生理学的研究上已经取得很大进展，但仍有许多难题等着人类去攻克。等能够成功克服太空生活对人体的不利影响时，人类飞向火星甚至太阳系以外天体的时机就成熟了。

美丽的太空

知识卡片 太空飞行对宇航员健康的影响

　　人类在进化过程中，长期生活在恒定的地心引力条件下，形成了内环境的平衡。人体的主要成分是由软组织、骨骼、体液构成的，重力对这些成分的作用不同，在进化中形成了这些基本成分之间的一定比例。骨骼结构的坚固性和它的功能、肌肉的主要活动、体液的分布特点，保证了对重力的对抗，使人体得以生存发展。

　　据测定，宇航员飞行一天会失钙1%～2%，以骨骼中的钙缺乏最为严重。所以返回地面的宇航员骨头会变得较疏松、较脆，很容易骨折。钙主要通过排尿而损失，宇航员尿中的钙含量为地面时的3倍。

　　进行一次太空飞行，宇航员体重会下降4～6千克。但返回地面一天之后，又能增加2千克。这和太空中人体容易脱水有关。太空飞行中，由于体液的失常和血液的再分配，因此人体脱水不可避免。美国阿波罗飞船登月舱驾驶员身体体积比在地面时缩小0.0025立方米，而指令舱的驾驶员身体甚至缩小0.0069立方米。

四、太空抗病战

能够进入太空的宇航员身体素质都是经过挑选的，尽管他们有很好的体质，但仍然无法排除在太空生病的可能性。在航天飞行期间，由于特殊的太空环境，宇航员的免疫能力都会减弱，而进行长期的轨道飞行，宇航员的身体素质变化会更明显。在地球上，免疫力由反体系统来保证，它保护我们抵抗微生物。在失重状态下，人体所有过程包括反体物质的产生比正常情况时要低。

失重条件下的宇航员

载人航天活动的初期，人员比较少，航天员都经过严格挑选，一般都不会有常见的慢性病。在航天前还采取一些防病措施以保证航天过程中不生大病。航天乘员座舱在飞行前都要进行清洁消毒，入舱用品要保证无毒无污染；航天食品、饮用水都是经过严格消毒的，并且要经过生物学鉴定；发射前要求航天员尽量减少与无关人员的接触等。

为了保证太空战中宇航员的身体健康，地面测控中心的医生们时刻都密切注视着他们的身体状况，每天要向他们提出许多询问，并定期用遥控医疗设备给航天员做健康检查。

尽管如此，在航天站上还是常备一个医药箱，装有各种实用药物。如治疗头痛、伤风和安眠等药物以及用于处理受伤、烧伤和出血的药物，药物都写有对应的使用说明，一看就明白。

然而，不管措施如何周到，在航天任务中宇航员还是难免生病。一般病情较轻、飞行时间段的宇航

太空医疗设备

员会采用简单的药物治疗，并不影响他们完成任务。而遇到太空站常备药物不能改善的病情发生时，就不得不中止生病宇航员的飞行任务，让其返回地球进行治疗。

空间飞行环境特殊，除了微重力会引起人体生理功能出现一系列变化，如前庭功能紊乱、血液重新分布、心血管功能降低、骨矿盐丧失等外，发病的机会必然会更多。而且有些在地球上很容易处理的疾病在太空中却变得很复杂。因此，在航天医学方面，人类仍需不断努力。

知识卡片 **太空医学研究**

随着空间溶剂的增大、参与航空任务人数的增长、配备仪器的增多，到太空站工作的宇航员停留太空的时间也大大延长，太空的特殊环境对人体健康的影响也越来越大。因此，科学家们还在太空开展了医学研究，既可以利用太空微重力环境这一宝贵资源研制在地球无法制成的药物，又可以对宇航员的身体状况进行检查，及时治疗宇航员的各种疾病。

五、太空中的体育锻炼

太空的微重力环境会给宇航员带来许多生理变化，宇航员的免疫能力也会随之下降，并且会出现肌肉萎缩等一系列"太空病"。那么，要如何预防"太空病"呢？进行体育锻炼就是很有效的一种。

宇航员在太空站锻炼身体

宇航员长期停留在太空失重的环境中，身体产生脱钙，从而使骨骼变得疏松，肌肉也软弱无力。那么，怎样才能克服这种现象呢？科学家们

地球上的体育锻炼

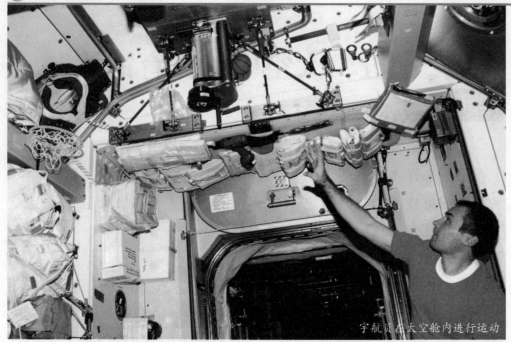

宇航员在太空舱内进行运动

找到了解决问题的办法。那就是在宇航员食物中，增加钙、磷、钾和维生素D，以及在太空中进行必要的体育锻炼。

大家应该都会有这样的疑问：所有物体包括人在内，到了太空都会失重，可以毫不费力地举起在地球上无法举起的重物，一跳就能跳很高，所有物体都可以悬浮，宇航员在太空怎样进行体育锻炼呢？他们的体育锻炼会有效果吗？

就如大家的疑问一样，太空站等载人航天器空间有限，载重量也不可能过大，一些体育锻炼的设施无法装置。同时，人体在太空中出现失重现象而飘浮在空间，双脚都很难落在舱底。在这种情况下，又怎么能进行体育锻炼呢？

人们想到了利用弹簧进行身体锻炼。比如让宇航员坐在椅子上，将身体固定好以后，用手和脚反复推、拉一种特制的弹簧器材；也可以用双手、双脚或者一手、一足分别拉弹簧器材的两头；还可以用具有较好弹性的橡皮带将四肢固定后，两臂分别或同时向下、向左、向右拉橡皮带；或者用双脚、单脚往上拉橡皮带等。以此种种方法来锻炼宇航员的四肢骨骼和肌肉的力量。同时，医学家们还为宇航员设计了一种具有弹性的服装。宇航员穿上这种特制的服装后，全身都可以受到弹力的作用。只要一活动身体，就能够达到锻炼身体的效果。

除此之外，宇航员们还采用双手推、拉或者打击悬挂在舱内的重物的方法，也能够达到锻炼身体的目的。宇航员在太空中采取并坚持以上几种锻炼身体的运动项目和方法，从而使他们的体质和骨骼及肌肉的力量不断增强。即使在太空中航行二三百天，甚至更长的时间身体也不会出现太大问题。虽然目前太空微重力环境

宇航员在太空舱外活动

对人体的影响仍不可忽视，但通过体育锻炼来增强体质的宇航员返回地球后出现"起立性低血压症"和其他"太空病"症状大大减轻了。

知识卡片 **宇航员体操**

宇航员利用人体肌肉的颉颃作用来进行身体锻炼。它们用双手五指交叉，进行对拉、对推或者互拉；还可以双手拉脚而脚用力往前伸等。甚至有人还为宇航员们编了一套由这些动作组成的体操。这种不需任何器材和不受空间限制的锻炼方法，也同样起到锻炼四肢和身体的作用。

六、太空人的饮食

吃饭、喝水对地球上的人来说，再平常不过了。但在微重力环境的太空中，地球人们最平常的生活习惯都不能适用了。宇航员在太空中需要足够的食品和营养物质来补充体力，以保证其拥有健康的身体。而且，宇航员的营养需求、食品制备、供给和他们的进食方式等都有一定的特殊性，与他们在地面生活的饮食有着很大的不同。

航天食品与地球人们的日常食品从性质上来讲，都是一样的，都是为人体提供能量和营养物质。但为了节省航天器空间和发射时的有效载荷，太空食品就尽可能的体积小、重量轻了。一些航天食品是同样具有丰富营养的干化食品，在食用时需要用水泡一下，就能恢复与新鲜食品类似的状态和口感。

航天食品除了要能经受住航天特殊环境因素的影响，如冲击、振动、加速度等的考验而不失效外，还必须针对宇航员在失重条件下生理改变的指数对膳食的营养素做适当调整，如肌肉萎缩就要求食品必须提供充足的优质蛋白质；骨

太空饮食

质丢失则要求食品提供充足的钙以及适宜的钙磷比例和维生素等。

宇航员在太空中的进食方式，对他们来说是一个不小的考验。在失重情况下，任何物体都会悬浮，给宇航员带来不少麻烦。水暴露在空气中会变成蒸汽飘散开来；食物会在空中飘浮，而不是老老实实呆在餐桌上；食品碎屑如果飘飞在空气中，会影响宇航员或设备的正常工作等。所以说，宇航员在地面上原有的吃饭、喝水习惯到了太空就完全不能适用了。一般来讲，各种食物、零件、用具等都是固定好的。

太空罐装食品

太空厨房内有近一百种食品，全装在软管、软袋和金属盒内，嵌在舱壁上。吃饭时把脱水食品加上水，与其他食品一起放进舱壁上的小电炉里加热到80℃。舱壁上的两块板放平，权当餐桌，上面有橡皮带把食品勒住，以免飘飞。面对摆在餐桌上的饭菜，千万不要着急，一定

太空食品——调料包

要注意端碗、夹饭、张嘴、咀嚼一连串动作的协调。端碗要轻柔，动作太猛，饭会从碗里飘出去；夹饭、夹菜要果断，夹就要夹准、夹住，最好不要在碗里乱拨拉，以免饭菜飘走，使用叉子效果最好；饭菜夹住后，张嘴要快，闭嘴也要快，因为即使是放到嘴里的食物，不

闭嘴它也会"飞"走；咀嚼时节奏要放慢，细嚼慢咽利于消化，还可以减少体内废气的产生和排泄，避免宇航员生活环境的污染。太空淡水久存会变味，宇航员常为喝不上凉水而抱憾，只好直接从塑料口袋或牙膏状的软铝管里，一点一点往嘴里挤咖啡、茶和果汁等饮料解渴。

有些人最喜欢在吃饭时聊天，而在太空吃饭最忌讳的就是边吃边说。因为边吃边说会使嘴里嚼碎的食物碎末飞出嘴外，飘在餐厅或生活舱里，宇航员稍不注意吸进鼻腔就容易呛到肺里发生危险。

太空中进食

随着航天技术的发展，航天器载重量增加了，宇航员们从地面带的食品也可以丰富些了。如带汁的火鸡、牛肉、猪排等，它们的水分含量和口感与人们在地面上的正常食品相同，宇航员们可以不在饮食方面受太多局限性了。而且，在太空站，现在已经可以使用带有特制的凹进去的小格的微波加热器来烘烤、加热食物了，因此，宇航员们可以品尝到热烘烘的牛肉、猪排、鸡蛋等食物了，大大提高了太空人的生活水平。

知识卡片　太空食品的发展

早期的太空食品多半像浆糊一样，吃的时候从牙膏状的管子往嘴里挤，或者压缩得像小肉丁一样，干巴巴的，需要靠嘴里的唾液去慢慢融化方能下咽，且一律淡而无味。而今宇航员的食谱极为丰富，一日三餐的典型食谱是：早餐有橘子汁、桃子、香肠、可可、炒鸡蛋和小甜面包；午餐有奶油蘑菇汤、火腿干酪三明治、焖蕃茄、香蕉和饼干；晚餐有虾仁、煎牛排、嫩茎花椰菜、草莓、布丁和可可。宇航员的食品种类繁多，可以保证6天之内不重样。根据以往载人航天的经验，宇航员在天上所需要的热量至少不应低于地上的水平，而即使宇航员没有将这些东西全部吃完，也能保证宇航员每天有3000卡的热量。

第 **4** 章
星外时光
太空站的生活

七、太空人的保护膜——太空服

人类要真正进入太空，就要走出密封的舱室，进入太空开放的空间。然而，太空中各种辐射相当厉害，况且温度差异大，又没有大气压力，人体内气体会急剧膨胀，氧气从肺、血液和组织中大量跑出来就可使人立即死亡。为保护人不受严酷的太空环境伤害，宇航员必须穿上太空服进入开放空间。

太空服是航天员进入太空必须穿的服装，一般由压力服、头盔、手套和靴子等组成。太空服是保障航天员生命安全的最重要的个人救生设备。

中国太空服

美国可防止骨质流失的舱内紧身太空服

太空服按用途可分为舱内太空服和舱外太空服两大类，分别有软式、硬式 和软硬混合式结构。

相比之下，舱内太空服的结构与功能较为简单。舱内太空服是航天员在航天器内使用的航天服，宇航员在航天器发射、返回和在轨道运行期间发生密闭舱失压等

中国舱内太空服

管、可脱戴的手套、靴子及一些附件组成。当宇航员在舱内使用太空服时，必须将太空服与舱内环境控制与生命保障系统连接使用，舱内太空服工作时应与舱内通风供氧装置连接，它的主要作用是在人体周围创造适宜人生存和工作的微小气候环境，可防护低压环境对人体的危害，如有需要也可增加对高温、低温或有害气体环境对人体危害的防护作用，如果应急救生时间较长，根据需要也可配置尿收集装置，使太空服还具有收集和储存航天员尿液的功能。

事故时，必须穿上舱内太空服。太空服因具有充压和加压的重要功能，将起到保护航天员生命安全的关键作用。

舱内太空服通常是为每一位航天员定做的，它是在压力服的基础上发展起来的。压力服的特点是，当它在充气加压时可呈拟人状态，人在其内全身可处在同一均匀的大气压力环境中，舱内太空服一般由航天头盔、压力服、通风和供氧软

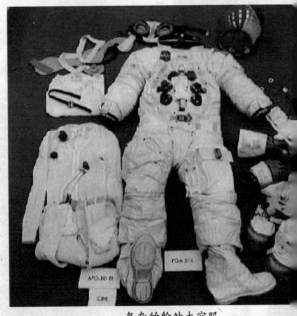

复杂的舱外太空服

复杂的舱外太空服。舱外太空服结构上由微流量防护层(外罩)、真空隔热屏蔽层、气密限制层、通风结构和液冷服等组成,犹如一个独立的生命保障系统,它也是一种小型载人航天器。一套舱外太空服系统通常比一个健硕的人还要重许多,而且价格也不菲。

舱外太空服是宇航员走出航天器到舱外作业时必须穿戴的防护装备。舱外太空服除了具有舱内太空服所有的功能外,还增加了防辐射、隔热、防微陨石、防紫外线等功能,在服装内增加了液冷系统(液冷服),以保持人体的热平衡,并配有背包式生命保障系统。舱外太空服主要由外套、气密限制层、液冷通风服、头盔、手套、靴子和背包装置等组成,是一种多层次、多功能的个人防护装备。

舱外太空服的结构特点是:采用硬质的上躯干,上面装有双臂和生命保障系统组件,头盔与上躯干为一整体,不能跟随宇航员头部运动,通过气密轴承和一个自由度的关节连接来保证四肢各关节的活动

性能。有硬结构,也有软结构部分,是混合式结构,软的部分采用气囊和约束结构。外套是由多层防护材料组成的真空隔热屏蔽层,具有防辐射、隔热、防火、防微陨石的功能。气密限制层是舱外航天服最重要的部分,通常选用无毒性、

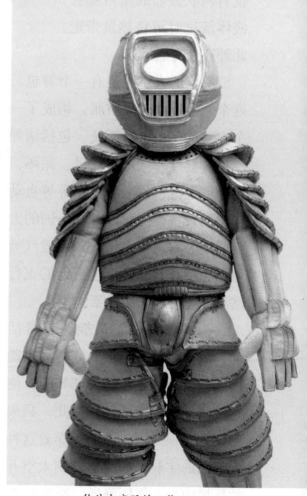

舱外太空服的一种

重量轻、抗压强度高、伸长率小的织物和像胶材料制成，它的作用是保持服装气密，限制服装膨胀，使各大关节具有一定的活动度。液冷通风服穿在气密限制层内，在服装的躯干和四肢部位有网状分布的塑料细管，液体流过时可将热量带走。此外还装有通风管。

美国的太空服还有一个背包，这个背包连接着太空服，构成了一个完整的生命维持系统。包括诸如温度、湿度、气压、通风、循环、监测、过滤、供电、供氧等等自动和手动设备。除此以外，美国的太空服还装有飞行系统，24个喷气嘴可以由宇航员随时调控自己的飞行路线。还有电子通讯系统等。

为了保证宇航员能够正常活动，太空服对宇航员的气压又不能过高，否则太空服会硬邦邦的，使宇航员无法正常活动，因此，只采用三分之一气压。然而，穿着这种太空服的宇航员如果立刻到太空开放环境中去，气压降低，原先血液

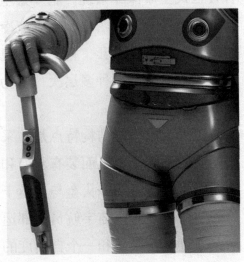

新型太空服的一种

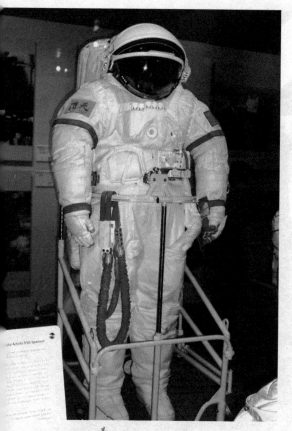

中国宇航员太空服

中的氮气就会变成气泡从血液中跑出来在血管里乱蹿，一旦堵塞脑血管，宇航员就有可能瘫痪或死亡。为了防止宇航员得减压病，宇航员穿上太空服后，还不能马上进入开放空间，而需先来一个吸氧排氮过程，这个不可缺少的过程称做气压顺化。

太空服需要有许多高强度材料做成，由于太空服都被各自的生产国当成机密，所以普通人不可能知道其生产的细节和具体材料。一个国家的太空服技术水平，往往也代表着这个国家的综合科技水平。

知识卡片 太空服的层次结构

太空服从基本设计上分为五层。第一层为内衣层，要又轻、又软、又有弹性，能传热、又能透气。这里有一条奇妙的腰带，藏有一套复杂的微型监测系统，负责生理上（心率、体温、呼吸）各种数据的记录，以及太空服内部的温度，辐射剂量的数据，作为对宇航员的动态监控。第二层为调温层，用的是新技术"热管液体调温"，在这一层排列有大量聚氯乙烯细管，管中流有一种液体，通过液体的流动可以调节太空服的温度，效率很高。温度有三个档次可供选择，由宇航员自己控制。第三层为加压层，是用特种橡胶制成的密封充气层，充满一个大气压强的空气，因为在宇宙真空中必须防止低气压。第四层为约束层，有两个作用，把第三层约束成衣服外形，同时协助最外层抵御微小陨石的袭击。它还有极好的隔热效能，阻止内外热量交流。第五道为保护层，利用特殊合成纤维制成的高强度"防弹衣"，要抵御像枪弹一样飞来的微小陨石的袭击，又要能吸收宇宙射线的能量。

八、奇妙的太空行走

太空行走对人们来说，是种很新奇的活动，目前也只有少数参与航天工作的人类体验过太空行走。在狭义上来讲，太空行走是指宇航员离开载人航天器乘员舱，只身进入太空的出舱活动。而广义上的太空行走还指宇航员到月球和行星等其他天体完成各种任务的过程。

中国宇航员在太空漫步

人类进入太空飞行后，开始只在宇宙飞船、空间站或航天飞机的密封舱里生活。后来由于空间活动的需要，宇航员穿着宇宙服试验到舱外活动。

太空行走是载人航天的一项关键技术，是载人航天工程在轨道上安装大型设备、进行科学实验、施放卫星、检查和维修航天器的重要手段。要实现太空行走这一目标，需要诸多的特殊技术保障。

太空行走比较危险，太空的环境、气闸舱、舱外航天服、机动装置等因素都将影响宇航员进行太空行走时的生命安全。

太空处于真空状态，没有大气层的保护，温度变化很大，太阳照射时温度可高于100℃，无阳光时温度可低于零下200℃，同时存在各种能伤害人体的辐射。为保障航天员在出舱活动中能安全、健康和有效地完成任务，需要有出舱航天服、航天员在舱外乘坐的机动装置、完成任务所需的工具、固定航天员身体的设备及安全带等装备。舱外航天服是出舱活动中最重要的装备，相当于一个微型航天器。它将航天员的身体与太空的恶劣环境隔开，并向航天员提供大气压力和氧气等维持生命所需的各种条件。

在太空行走的航天员由于没有参照物，无法分清物体的远近大小、判断其速度快慢，如果没有保险措施，很容易丢失在茫茫太空中而成为人体卫星。所以太空行走需要采取保险措施——用安全带将宇航员与航天

太空奇景

器连接起来，防止宇航员在太空中走失。

脐带式太空行走

目前进行的太空行走分为两种方式，主要是"脐带式"太空行走和后期发明的装在太空服背后的便携式环境控制与生态保护系统。早期的脐带式生命保障系统与乘员舱连接，宇航员身穿航天服，所需要的氧气、压力、电源和通讯等都是通过脐带由"母"载人航天器提供的。由于脐带不能过长，所以宇航员只能在"母"航天器附近活动，如果航天器走远了则容易使脐带缠绕，像婴儿那样"窒息"而死。后期发明的装在太空服背后的便携式环控生保系统。宇航员出舱后与"母"航天器分离，由于身穿舱外用的太空服，背着便携式环控生保装置，以及太空机动装置，宇航员可以到离"母"载人航天器100米远处活动。

从第一次载人航天到今天，宇航员已实现了近百次太空行走。太空行走是载人航天的一项关键技术，是载人航天工程在轨道上安装大型设备、进行科学实验、施放卫星、检查和维修航天器的重要手段。要实现太空行走这一目标，需要诸多的特殊技术保障。

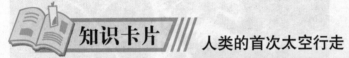
知识卡片 人类的首次太空行走

1965年3月18日，苏联发射载有别列亚耶夫、阿里克谢·列昂诺夫的"上升"2号飞船。飞行中，阿里克谢·列昂诺夫进行了世界航天史上第一次太空行走。虽然他离开"上升"2号飞船密封舱，系着安全带，只在离飞船5米处活动了12分钟，却开创了地球人类太空行走的先例。

阿里克谢·列昂诺夫穿着一种新型宇宙服，内衣是由通心粉状的管子盘成的，管子总长100米。管内流过的冷水能吸去航天员身上散发的热量，并排放到宇宙空间去。在这种内衣外再罩上一层一层外

套，套上同样多层的手套，穿上金属网眼靴子，戴上增强树脂盔帽，就能保证到密封舱外安全活动了。1965年，苏联航天员阿里克谢·列昂诺夫走出了"上升"2号飞船，从而成功实现了人类第一次在太空的出舱活动。这次太空出舱活动使理论付诸实践，从此真正打开了太空的大门。

九、从太空看地球

第4章
星外时光
太空站的生活

　　地球是太阳系中最美的星球，是人类赖以生存的家园。按距太阳由近及远的顺序排列，地球是太阳系的第三颗行星。与太阳的平均距离为14 960万千米，是个形状略扁的球体，质量为5.977×10公吨，体积约10 832亿立方千米，赤道半径637 812千米，极半径6 375千米，平均密度是水的5.5倍。

　　可以说，地球的环境是得天独厚的。它在太阳系的位置及其本身的大小、自转与公转周期、组成物质、拥有的大气层等因素，造就了多姿多彩的生命，成了太阳系中最迷人的星球。

　　地球上遍布海洋、湖泊、河流、平原、山脉，陆地上覆盖着植被，从太空看去，美得令人惊叹。据宇宙飞船从太空拍摄的地球照片和宇航员在宇宙空间亲眼所见的地球。是一个蓝色的星体，飘浮的云层像是一层轻纱。地球为什么看上去会是蓝色的呢？

　　从地球的陆地和海洋分布情况来看，地球表面积为5.1亿平方千米，海洋面积就占了其中71%。相当于陆地面积的2.5倍。以0°经线与北纬47°纬

蓝色的美丽的地球

线的交点和180°经线与南纬47°纬线的交点为两极，把地球分为以水为主的水半球和以陆为主的陆半球，陆半球虽然集中了全球81%的陆地，但陆地仍比海洋小。如果换一个角度看，北半球虽然有全球2/3的陆地，但其陆地面积也只占北半球自身总面积的39.3%，其余60.7%的地方都是海洋。南半球、东半球和西半球的海洋也都比陆地大。因此，在地球的任何部位海洋都是主体。地球上海洋的平均深度将近4000米，蓄积水量达133.8亿立方米，占地球水圈总水量的96.5%。和陆地不同，海洋是一个连续的整体。各大洋相互沟通，形成统一的世界大洋，使陆地看上去就像是漂浮在海洋上一样。因为海洋广阔而连续，水色偏蓝，因此在太空看地球，它就成了美丽的蓝色星体。

曾有宇航员在太空飞行时，应科学家的要求，对农业区状况进行估价；在春天和夏天对克拉斯诺达尔地区的土壤腐蚀区定位；和其它宇航员一道鉴定了通过彩色标度确定谷类作物生长阶段的可能性，并使

夜间从太空看地球

用同样的技术诊断谷物的病虫害。

　　夜间晴空看地球，就更是一种美的享受了。宇航员在飞船经过莫斯科上空时，从天上往下俯视：它美极了，成片的住宅灯光放射出银色光辉，在银色的背景上串串路灯形成的黄色线条四通八达。路灯组成的黄色线条还向外辐射，伸向远方，这是通向其他大城市的公路。有一次宇航员拉维金用望远镜对着夜间莫斯科搜索，竟然找到了自己家所住的那栋大楼。

 **地球家园**

　　如今因为人类对地球的大肆开发，原来的山脉、草原逐渐消失了，取而代之的是不断崛起的高楼和大片的沙漠。地球的美是要靠生存在地球上的生物一起努力来维持的，因此，合理开发利用地球资源、植树种草、和动物和谐相处、节能减排等保护地球的措施显得尤为重要。为了若干年后人类在太空看到的地球仍是一颗美丽的星球，一定要保护生态环境，爱护我们人类的家园——地球。

第 **5** 章

辉煌历程
——世界各国的太空站

◎苏联礼炮号太空站
◎苏联和平号太空站
◎美国天空实验室
◎国际太空站
◎美国国家航空航天局
◎前进中的中国太空站

第5章
**辉煌历程
世界各国太空站**

一、苏联礼炮号太空站

苏联一共发射了7个"礼炮号"太空站。1971年4月19日，苏联发射了世界上第一个太空站——"礼炮1号"，太空飞行进入了一个新的阶段。

"礼炮1号"太空站长15.8米，最大直径为4.5米，其中适合居住的空间为90平方米。它由"质子K"火箭在1971年4月19日发射升空，在太空共运行了6个月，发射时重量为18 900公斤，在当时的航天领域，已经是一个巨大的飞跃。"礼炮1号"有横越长度大约10米的太阳能板，共4块，总面积有28平方米，就是由这4块太阳能

载人航空器

板为太空站源源不断提供能源。"礼炮1号"的载人任务数量在当时仅为2人，总共的长时间载人任务也只有1次，宇航员在它上面连续停留的时间最长为63天。它有一个泊接位置，由礼炮1号型联盟飞船对接实现补给。

礼炮1号相继与"联盟"10号，"联盟11号"两艘飞船对接组成轨道联合体，完成任务后于1971年10月11日在太平洋上空坠毁。"礼炮1号"标志着人类航空史进入一个新的阶段。

苏联前五座太空站上携带的氧气、食物、水、燃料等储备有限，在太

空寿命都不很长。于是经过改进的"礼炮6号"和"礼炮7号"太空站相继升空。"礼炮6号"和"礼炮7号"增加了一个对接口，除接待"联盟号"载入飞船外，还能够与进步号货运飞船对接，因此，宇航员生活所需的各种用品实现了及时供给。

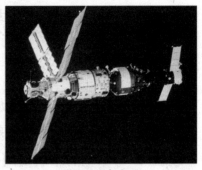

礼炮1号太空站

1977年9月29日，"礼炮6号"太空站发射上天，在太空飞行近5年，共接待18艘联盟号和联盟T号载人飞船。有16批33名宇航员到站上工作，累计载人飞行176天。其中1980年宇航员波波夫和柳明创造了在太空站飞行185天的纪录。

礼炮6号太空站

1982年4月19日，"礼炮7号"太空站进入轨道飞行，载人飞行累计达800多天，接待了"联盟T号"飞船的11批28名宇航员，其中包括第一位进行太空行走的女宇航员萨维茨卡娅。特别是1984年3名宇航员基齐姆，索洛维约夫和阿季科夫在空间站创造了237天的飞行纪录。直到1986年8月，"礼炮7号"太空站才停止载人飞行。

知识卡片　　礼炮1号的舱体结构

礼炮1号的第一个舱是传送舱，它直接与太空站连接，泊接口是呈圆锥形，前面宽两米，后面宽三米。第二个舱是主舱，直径大约是四米。从电视传播中看到，空间可以容纳8张大的椅子，有7个工作台，数个控制板和20个舷窗。第三个间隔是辅助舱，它包含了控制和通讯装置，电力供应，维生系统，与其他辅助装置。第四个，也是最后一个舱的直径是大约2米，装备了引擎和其他关联的控制装置，这个舱并没有加压。礼炮号有一个缓冲电池组，额外的氧气和水供应，并有一个再生系统。另外，太空站其余的装置包括两块太阳能板放置在太空站的两端，就像一对翼般。也有一个放射式散热器，一些定位和控制装置。

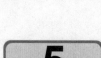

二、苏联和平号太空站

第**5**章
辉煌历程
世界各国太空站

　　世界上第一个非长久性太空站是苏联在1969年1月弗拉基米尔·沙塔洛夫驾驶的"联盟 4 号"飞船同"联盟 5 号"飞船实行了接近和对接。"联盟 5 号"上的宇航员阿列克谢·叶利谢耶夫和叶夫根尼·赫鲁诺夫穿上宇宙服进入了"联盟 4 号"。苏联人把对接后的组合飞船称为"世界上第一个宇宙太空站"。

　　而"和平号"太空站是人类首个可长期居住的空间研究中心，同时也是首个第三代太空站，经过数年由多个模

联盟号飞船

块在轨道上组装而成。它是苏联建造的一个轨道太空站，苏联解体后归俄罗斯，从发射后除3次短期无人外，站上一直有航天员生活和工作。"和平号"太空站的轨道倾角为51.6度，轨道高度300~400千米，全长32.9米，体积约400立方米，重约137吨，其中科研仪器重约11.5吨。它在高350~450千米的轨道上运转，约90分钟环绕地球一周。

　　1986年2月20日"和平号"核心舱发射升空，它提供基本的服务、宇航员居住、生保、电力和科学研究能力。联盟-TM载人飞船为和平号接送宇航员，进步-M货运飞船则为和平号运货。航天飞机和平号核心舱共

有6个对接口，能同时与多个舱段对接。到1990年，苏联只为和平号核心舱增加了3个对接舱：1987年与核心舱对接的量子-1（载有望远镜和姿态控制及生命保障设备）、1989年对接的量子-2（载有用于舱外活动的气闸舱、2个太阳电池翼、科学和生命保障设备等）、1990年对接的晶体舱（载有2个太阳电池翼、科学技术设备和一个特别的对接装置，它可与美国航天飞机对接）。

俄罗斯从1995年起发射了3个舱，先后与"和平号"对接，这3个舱是：1995年发射的光谱号（载有太阳电池翼和科学设备)和一个对接舱(停靠在晶体号特别对接口上，用于与航天飞机对接)以及1996年4月26日发射的和平号的最后一个舱体——"自然号"（载有对地观测和微重力研究设备）。到这时"和平号"在轨组装完毕。全部装成的和平号太空站全长87米，质量达175吨（如与航天飞机对接则达223吨），有效容积470立方米。

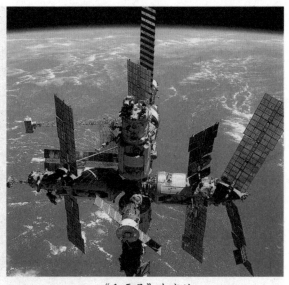

"和平号"太空站

"和平号"太空站原设计寿命5年，到1999年它已在轨工作了12年多，除俄罗斯的航天员外，还接待了其他国家和组织的航天员，他们在和平号太空站上取得了丰硕的研究成果。但由于和平号设备老化，加之俄罗斯资金匮乏，从1999年8月28日起，"和平号"进入无人自动飞行状态，准备最终坠入大气层焚毁，完成它的历史使命。这体现了苏联当时强大的经济实力和航天业的实力。

2001年3月23日，"和平号"太空站坠入地球大气层，碎片落入南太平洋海域中。"和平号"的研究

任务后来由国际太空站所取代。

作为美俄国际太空站合作计划的一部分，美国航天飞机与和平号太空站实施了交会和对接，在轨对接期间，进行了设备和航天员的交换。在这项合作中，航天飞机与和平号共进行了9次对接，为建造和运营国际太空站积累了经验。

和平号坠毁

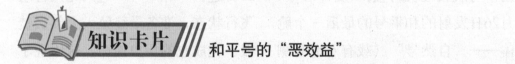

知识卡片 //// 和平号的"恶效益"

尽管道路坎坷，15年来和平号仍然完成了24个国际性科研计划，进行了多项科学实验，帮助15个国家的科学家完成了空间研究，研制产生了600项日后可供工业应用的新技术。但是，和平号15年来也出过不少事故，据说达1500次之多。

俄罗斯和平号太空站虽为人类太空探索做出过重大贡献，但也在运行过程中产生了200多包垃圾，当时宇航员的环保意识不像现在这么强烈，将它们直接丢弃到茫茫太空，这会造成严重的后果。

三、美国天空实验室

  1973年，美国发射了首个环绕地球的试验性太空站——天空实验室。天空实验室是用"土星5号"运载火箭发射到435千米高的轨道，全长36米，直径6.7米，重82吨。它的运行周期93分钟，倾角50度。由轨道工作舱、过渡舱、多用途对接舱、太阳望远镜和"阿波罗"飞船5部分组成，全长36米，最大直径6.7米，重约80吨。从1973年5月到1974年2月先后接纳过3批航天员，每批3人，在站分别工作了28天、59天和84天，进行了270多项研究实验，拍摄了18万张太阳活动的照片、4万多张地面照片，还进行了长期失重人体生理学试验和失重下材料加工的试验。

  天空实验室的结构就像是一座二层小楼，上层有一个大工作区和贮水箱、贮放食物箱、冷冻箱以及实验设备、用品，下层供宇航员睡觉、准备食品、吃饭、整理个人卫生、处理废物，并进行一些实验工作。在天空实验室的外面有一层薄的铝制的防护罩，发射的

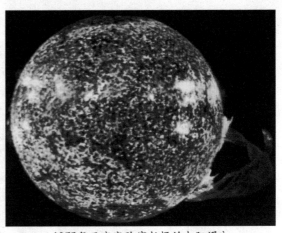

1973年天空实验室拍摄的太阳耀斑

时候这个防护罩紧贴着实验室外壁，到了大气层外之后自动张开，罩在舱外127毫米处。它既可以遮挡阳光使舱内保持合适的温度，又可以防止温柔流星对天空实验室的撞击。

  天空实验室是通过两次发射对接而成的。先是将运载火箭把在地面装配好工作舱、过渡舱、对接舱和太阳能望远镜送入轨道，随后再用动载火箭把乘有3名宇航员的阿波罗飞船送入轨道，使飞船和对接船对接，

组成完整的实验室。工作舱是天空实验室的
基本部位，是宇航员主要的工作和生活舱室。
舱内设有实验室的基本部位，是宇航员主要
的工作和生活舱室。舱内设有环境控制系统，
它能给宇航员提供舒适的环境，保持室温为
15.6℃～20℃。太阳能望远镜是天空实验室
上的一个天文台，可以拍摄太阳的紫外光线
和X射线等，获得精细的日冕照片。在天空
实验室里有作业室兼实验室、食堂、寝室、

宇宙射线

日冕照片

厕所等。

其实，天空实验室的经历也是危险重重。1973年5月14日，天空实验室在起飞63秒后，由于它的铝制防护罩以及一个太阳电池翼被高速气流冲掉，致使舱内温度急剧上升。1973年5月25日，一艘阿波罗飞船（天空实验室-2）载3名航天员与天空实验室对接，航天员用一顶遮阳帆挡住阳光，使实验室内温度下降，并展开了另一个被卡住的太阳翼，天空实验室才得以正常工作。

天空实验室的生活设施考虑得极为周全，发挥了航天站能长期居住的优势。与以往狭窄的飞船相比，具有368立方米容积的天空实验室的生活要舒适得多。

阿波罗号飞船

它有11个食品贮藏器和5个食品冷冻器，可贮藏907千克食品，不同种类的冷热食品分装在金属盒内。另外，卫生设施大为改善，有淋浴、香皂、毛巾和大小便袋等。在以往载人航天器的舒适程度上，天空实验室更胜一筹。

知识卡片 /// 天空实验室

1973年5月25日，7月28日和11月16日，由"阿波罗号"飞船先后把宇航员送上空间站工作。在载人飞行期间，宇航员用58种科学仪器进行了270多项生物医学、空间物理、天文观测、资源勘探和工艺技术等试验，拍摄了大量的太阳活动照片和地球表面照片，研究了人在空间活动的各种现象。1974年2月第三批宇航员离开太空返回地面后，"天空"实验室便被封闭停用，直到1979年7月12日，在太空运行航程达14亿多千米的天空实验室在南印度洋上空坠入大气层烧毁，结束了它的光荣使命。

四、国际太空站

第5章
辉煌历程
世界各国太空站

发展中的国际太空站

1983年，美国总统里根提出了国际太空站的设想，就是在国际合作的基础上建造最大的载人太空站。经过10余年的探索和多次重新设计，直到苏联解体、俄罗斯加盟，国际太空站终于在1993年完成设计，并开始实施。

国际太空站以美国、俄罗斯为首，包括加拿大、日本、巴西和欧空局（11个国家）共16个国家参与研制。其设计寿命为10～15年，总质量约423吨、长108米、宽（含翼展）88米，运行轨道高度为397千米，载人舱内大气压与地表面相同，可载6人。国际空间站结构复杂，规模大，由航天员居住舱、实验舱、服务舱，对接过渡舱、桁架、太阳能电池等部分组成，建成后总质量将达438吨，长108米。

国际太空站的设施是由俄罗斯的质子号火箭、欧空局阿里安5号火箭以及美国的航天飞机发射升空的，然后在空间完成组装。组装完成后由美国的航天飞机、猎户座号飞船以及俄罗斯的联盟-TM飞船及进步号货运飞船完成运输工作。美国还研制一种有升力的救生飞船参与工作。

质子号火箭

国际太空站在命名时，还发生过许多争议。其实，"国际太空站"（英文为International Space Station）是不同命名之间妥协的产物。最初，美国提议的名字是"阿尔法太空站（Alpha）"，但是遭到俄罗斯的反对，他们认为这样的名字暗示这是人类第一个空间站，然而先前的苏联以及后来的俄罗斯曾先后成功运行过8个太空站。俄罗斯提议将空间站命名为亚特兰大（英文为Atlanta）。但是这个议案又遭到美国的反对，美方认为亚特兰大的读音和拼写太接近传说中沉没的大陆"亚特兰蒂斯"，其中似乎隐含了不祥的征兆，而且这个名字也容易与美国的"亚特兰提斯号"航天飞机相混淆。后来，国际太空站第一批乘员登站时国际太空站的名字仍然没能定下来，当时的美航局主席丹尼尔·戈登便给太空站取了一个临时的呼号"阿尔法"这个呼号，最后沿用了下来，成为国际太空站的正式电台呼号。

国际太空站发射成功后，与多种设备对接，在上面开展了多项科学研究，对人类生存和发展以及科技的迈进起着重大决定性作用。

知识卡片　褒贬不一的国际太空站

有很多对NASA持批评观点的人认为国际空间站计划是在浪费时间和金钱，并且抑制了其他更有意义的计划。他们认为花费在国际空间站计划上的上千亿美元和近乎一代人的时间，可以用来实施无数的无人太空任务，或者将这些时间和金钱花在地球上的研究中，也要比国际空间站更有意义。

空间站的支持者认为国际空间站计划所开发的载人航天相关技术的商业应用，会间接带动全球经济，所带来的收益是最初投资的7倍。

第**5**章
辉煌历程
世界各国太空站

五、美国国家航空航天局

在苏联将第一颗人造卫星送入太空之后，美国开始将注意力转移到自己正在起步的航天工业发展。国会受史泼尼克危机的震撼，要求政府立即采取行动，但艾森豪总统与顾问团则认为应该更审慎地考量，在数个月的商议后，认为有必要成立一个全新的政府机构，来领导所有非军事太空行动。

美国艾森豪总统

美国的第一颗环地球人造卫星"探险者一号"在1958年1月31日发射升空。7月29日，艾森豪总统签署了美国国家航空航天局（简称NASA）的成立，1958年10月1日NASA正式成立。NASA以拥有46年历史的研究机构国家航空咨询委员会的四个主要实验机构与其中80名成员改组而成。由在战后迁移美国的前德国火箭专家沃纳·冯·布劳恩所领导的德国火箭计划，对于美国进入太空竞赛领域有着重大的贡献，被誉为"美国太空计划之父"。陆军弹道飞弹署和海军研究中心的一部分也归入NASA的组织里。

探险者一号

然而，曾经失事的航天飞机

打击了美国在航天事业上发展的激情。

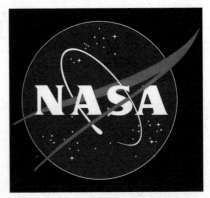

NASA

NASA计划出现的问题导致了国际空间站计划的停滞不前。按照原计划，国际空间站在2005年应达到7名宇航员的配置，但现在却只有最基本的两名，以致很多计划中的研究项目被推迟。其他在国际空间站的项目上投了巨资（比如欧洲航天局）的国家因此担心国际空间站会像太空实验室一样以失败告终。同时，欧洲国家和日本对国际空间站的贡献也已经落后于时间表。

知识卡片 //// NASA

　　NASA在行政上直属总统领导，由局长总体负责。NASA是在两个层次的基础上实施管理，局总部管理和战略事务部管理。局总部对全局负有领导责任，协调局内外工作，执行NASA的对外成本核算和联络，制定该局长远规划、年度计划，实施预算集成，制定NASA的发展战略、长期投资战略、NASA政策和标准。监督各研究中心的技术管理工作；检查各阶段工作进展和完成情况；保证执行经国家批准的计划。

　　NASA建立了六个战略事务部，分管NASA的主要业务领域，以实现NASA的任务和更好地服务于客户。它们分别是：航天飞行部(约翰逊航天中心、肯尼迪航天中心、马歇尔航天飞行中心、斯坦尼斯航天中心)；航空航天技术部(下属艾姆斯研究中心、德莱登飞行研究中心、兰利研究中心、戈兰研究中心四个研究中心)；地球科学部(下属戈达德航天飞行中心)；空间科学部(下属喷气推进实验室)；生物和物理研究部和安全与任务保障部。每个战略事务部都有自己的一套战略目标、目的和为满足主要客户需求的执行措施。战略事务部负责确定客户需求并确保所有客户满意。各事务部会同分管业务的副局长确定其工作方向，负责制定各事务部的长期投资战略、预算、项目资源分配和性能评估、政策和标准，执行NASA的政策。

六、前进中的中国太空站

天宫一号发射

　　2011年9月29日21时16分3秒，在酒泉卫星发射中心发射了中国第一个目标飞行器——"天宫一号"。"天宫一号"飞行器全长10.4米，最大直径3.35米，由实验舱和资源舱构成。它的重量有8吨，类似一个小型空间实验站。

　　"天宫一号"发射于2011年11月3日凌晨，"天宫一号"顺利与"神舟八号"飞船实现对接任务。"神舟九号"、"神舟十号"飞船也将与"天宫一号"依次完成无人或有人对接，并建立中国首个空间实验室。并且有望在2014年用"长征五号"把中国空间站送上太空，中国最终将建设一个基本型空间站。

我国将在海南文昌新建第四个航天发射场，可发射大吨位空间站。我国首个空间站大致包括一个核心舱、一架载人飞船、一架货运飞船和两个用于实验等功能的其他舱，总重量在100吨以下。其中的核心舱需长期有人驻守，能与各种实验舱、载人飞船和货运飞船对接。具备20吨以上运载能力的火箭才有资格发射核心舱。中国的首个空间站建成后，核心舱还可以不断加舱。到那时，每年将往空间站发射若干个航天器。

海南文昌航天发射场

知识卡片 /// 中国太空站计划

2011年实施的"天宫一号"与"神舟八号"交会对接任务取得圆满成功。"天宫一号"目标飞行器在轨道工作正常，工程各系统都具备执行载人交会对接任务条件。中国将实施天宫一号与神舟九号载人交会对接任务，实现航天员手控交会对接，全面验证交会对接技术。担负此次任务的飞行乘组将由3名航天员组成，他们将进入"天宫一号"工作和生活，开展相关空间科学实验，在完成预定任务后返回地面。

神舟九号飞船、长征二号F运载火箭已完成总装，正在进行出厂前的各项测试；航天员正在开展任务训练；发射场、着陆场、测控通信等系统各项准备工作进展顺利。

图书在版编目（CIP）数据

图说星外基地——太空站 / 左玉河，李书源主编 . —— 长春
：吉林出版集团有限责任公司，2012.4
（中华青少年科学文化博览丛书 / 李营主编 . 科学技术卷）

ISBN 978-7-5463-8856-4-03

Ⅰ . ①图… Ⅱ . ①左… ②李… Ⅲ . ①星际站－青年读物②
星际站－少年读物 Ⅳ . ① V476.1-49

中国版本图书馆 CIP 数据核字 (2012) 第 053529 号

图说星外基地 —— 太空站

作　　者／左玉河　李书源
责任编辑／张西琳
开　　本／710mm×1000mm　1/16
印　　张／10
字　　数／150千字
版　　次／2012年4月第1版
印　　次／2021年5月第4次

出　　版／吉林出版集团股份有限公司（长春市福祉大路5788号龙腾国际A座）
发　　行／吉林音像出版社有限责任公司
地　　址／长春市福祉大路5788号龙腾国际A座13楼　　邮编：130117
印　　刷／三河市华晨印务有限公司
ISBN 978-7-5463-8856-4-03　　定价／39.80元